さまざまな場所にいる原生生物

1：マラリア原虫（本文 p.52 参照）　2：クドア（p.32）　3：有孔虫（p.85）　4：渦鞭毛藻（p.89）
5：繊毛虫（p.76）　6：アカントアメーバ（p.36）　7：ランブル鞭毛虫（p.41）　8：ルーメン繊毛虫（p.49）
9：パラバサリア（p.62）　10：トリパノソーマ（p.58）

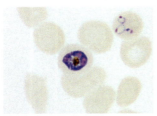
赤血球（薄桃色）内に侵入しているマラリア原虫（紫）．右上が侵入直後の状態で，約1日たつと真ん中のような形態に変化する．（本文 p. 52）

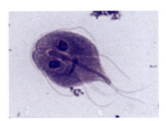
ヒトや家畜に下痢を起こすランブル鞭毛虫．目のように見える部分が2つの核．（p. 41）

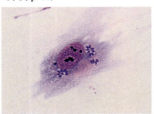
ヒトの細胞に侵入したトキソプラズマ．濃い紫の花びら状に見える点々がトキソプラズマ．（p. 26）

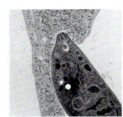
ヒトの細胞に侵入しつつあるトキソプラズマ．（p. 26）

アカントアメーバの栄養体．（p. 36）

アカントアメーバのシスト．（p. 36）

レジオネラ属菌に感染したアカントアメーバ栄養体．右側の小胞の中に棒状のレジオネラ菌が詰まっているのが見える．（p. 36）

ウシ糞便に含まれるアイメリア（*Eimeria bovis*）の未成熟オーシスト．（p. 46）

ニワトリに寄生するアイメリア（*Eimeria tenella*）．オーシストから人工的に脱殻させたスポロゾイト（三角で示す）．（p. 46）

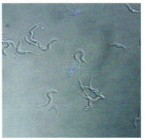
アフリカトリパノソーマ．（p. 60）

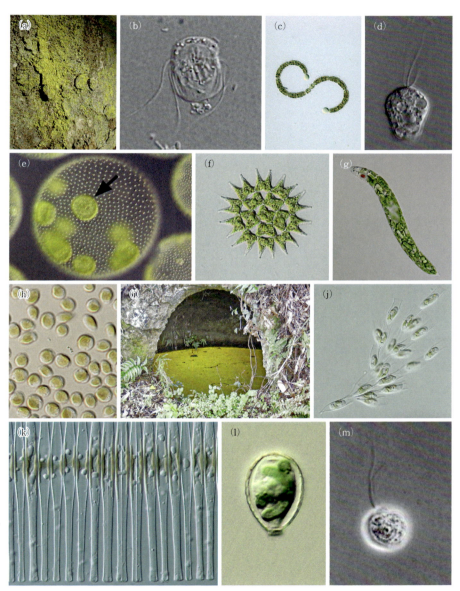

淡水に生息するさまざまな自由生活性原生生物（本文 p. 75 参照）
(a)樹皮に付着する気生藻，(b)トレポモナス，(c)アナベナ，(d)コロディクティオン，(e)オオヒゲマワリ，(f)クンショウモ，(g)ミドリムシ，(h)多数のヒカリモ遊泳細胞（野水美奈氏提供），(i)ヒカリモによって黄金に輝く洞窟内の水たまり（野水美奈氏提供），(j)サヤツナギ，(k)フラギラリア，(l)ポーリネラ（中山卓郎氏提供），(m)ツクバモナス

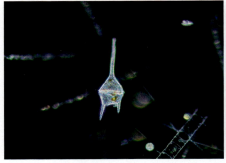
渦鞭毛藻（*Tripos lineatus*）

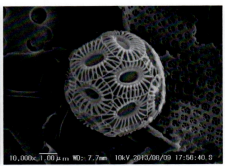
円石藻（*Emiliania huxleyi*）

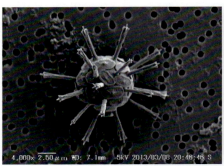
円石藻（*Rhabdosphaera clavigera*）

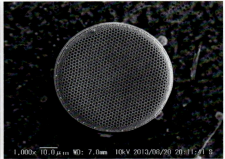
珪藻（*Thalassiosira nodulolineata*）

北極海の珪藻群集（暗視野）

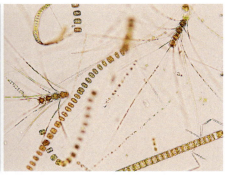
北極海の珪藻群集（明視野）

さまざまな植物プランクトン（本文 p. 84）
（写真提供：杉江恒二）

アメーバのはなし
― 原生生物・人・感染症 ―

永宗喜三郎
島野　智之　[編]
矢吹　彬憲

朝倉書店

執 筆 者

* 永宗喜三郎　国立感染症研究所寄生動物部

* 島 野 智 之　法政大学自然科学センター／国際文化学部

* 矢 吹 彬 憲　海洋研究開発機構海洋生物多様性研究分野

　案 浦　　健　国立感染症研究所寄生動物部

　丸山真一朗　東北大学大学院生命科学研究科

　八木田健司　国立感染症研究所寄生動物部

　福 田 康 弘　東北大学大学院農学研究科

　中 井　　裕　新潟食料農業大学食料産業学部

　伊 藤　　章　おおくさ動物病院

　小林富美惠　麻布大学生命・環境科学部

　野 田 悟 子　山梨大学大学院総合研究部

　平 川 泰 久　筑波大学生命環境系

　白 鳥 峻 志　海洋研究開発機構海洋生物多様性研究分野

　廣 岡 裕 吏　法政大学生命科学部

　雪 吹 直 史　パリ第 11 大学理学部

　本 多 大 輔　甲南大学理工学部

　松 崎 素 道　国立感染症研究所寄生動物部

　石 谷 佳 之　筑波大学計算科学研究センター

　土 屋 正 史　海洋研究開発機構海洋生物多様性研究分野

　杉 江 恒 二　海洋研究開発機構地球環境観測研究開発センター

　末 友 靖 隆　岩国市ミクロ生物館

　神 川 龍 馬　京都大学大学院人間・環境学研究科

　中 山 卓 郎　東北大学大学院生命科学研究科

　菅　　　裕　県立広島大学生命環境学部

(執筆順，＊は編者)

はじめに

　最近「アメーバ」という言葉をよく耳にする．「アメーバ」を使った言葉とてたとえばアメーバ経営やアメブロ（アメーバブログ）などがある．アメーバ経営とは会社にアメーバという単位をつくり，各アメーバが状況に応じて自由に増殖したり分割・統合したりする経営手法だそうで，アメーバブログは自由に「顔」を変えられるからアメーバらしい．つまりアメーバというのは何となく自由に姿形や大きさ，数などを変化させる生き物というイメージなのだろうか．まあ悪い印象ではない．一方で，新聞やテレビのニュースなどでアメーバの名前を聞くこともある．「コンタクトレンズの方はアメーバに注意．失明のおそれも」「『殺人アメーバ』に感染」「温泉にいるアメーバからレジオネラ肺炎」……．自由に姿形を変えられる生き物によって，失明させられたり殺されたりするのだろうか．これは非常に印象が悪い．実際のところ，みなさんの多くは「アメーバ」という言葉に，何となく気味の悪い，ネガティブなものというイメージをお持ちだろうと思う．しかし実際にアメーバがどのような生き物なのかを本当にご存じの方はほとんどいらっしゃらないだろう．なぜならば，アメーバは私たちが直接目にすることができず，顕微鏡を通してしかみることができない生き物だからだ．アメーバには人間に害を及ぼすものも中にはいるが，多くは人には何ら危害を加えず，逆に人間や環境に役立っているものもたくさんいる．本書はこのような多彩なアメーバの世界の一端をみなさんに紹介するために企画された．みなさんの周りはたくさんのアメーバたちで充ち満ちていることを理解していただければ幸いだ．

　アメーバとその近縁の生物群である原生生物の専門家は，複数の学問領域に分散して活動している．したがって多彩なアメーバの世界を概観できるような書物は専門家のための教科書レベルのものでさえ，とくに近年の日本では出版されてこなかった．このような現状を打破するため世界中の原生生物学の第一人者たちが集まり，各々の専門分野についてわかりやすく解説することで，広く一般の人たちにアメーバたちの織りなす驚異に満ちた世界を紹介しようという試みが本書である．また本書は一般の人たちのみならず，医療・衛生関係，農業や水産畜産

業，行政といった分野に従事されている方々や，大学等で教育や研究に従事されている方にとっても充分役立つ内容となっていることを確信している．書店でたまたま本書を手に取ってくれたみなさん，とくに将来日本の科学の発展を担ってくれるであろう若い人たちに，原生生物の魅力が伝わり，そう遠くない将来，著者らのあとに続いて原生生物学という複数の学問領域にまたがる広大な未知の世界の旅人となってくれる人がでるきっかけとなれば，そしてその時でもなお，本書がその旅人の道標となってくれていれば，著者にとってこれ以上の喜びはない．

2018 年 8 月

永宗喜三郎

　本書の口絵をはじめ，あちこちに掲載されているユーモラスなイラストは西澤真樹子氏によるもので，アメーバのイメージを変えようという編者らの思いを汲んでとても愉快なイラストを描いていただき，また編者らのわがままにも優しく応じて下さいました．大変感謝いたします．また，第 1 章の図の多くは，筑波大学大学院生の多久和泉さんに描いていただきました．著者のひとり永宗の走り書きの意図をきちんと汲んでいただき，永宗の頭の中にあったものをほとんど完璧に再現していただき感謝いたします．

　また，朝倉書店編集部のみなさまがいなければ本書は刊行できませんでした．編者全員からの気持ちとしてここで，感謝申し上げます．

編 者 一 同

第 1 章　アメーバとは何か　〔永宗喜三郎・矢吹彬憲〕…1
- 1.1　アメーバとは　…1
- 1.2　アメーバの誕生と進化　…2
- 1.3　アメーバ研究の歴史　…6
- 1.4　『アメーバ』という言葉にのせて　…7
- 1.5　真 核 細 胞　…8
  - 1.5.1　核　…8
  - 1.5.2　細胞質　…11
  - 1.5.3　ミトコンドリア　…11
  - 1.5.4　葉緑体　…12
  - 1.5.5　繊毛，鞭毛　…12
  - 1.5.6　細胞口，食胞，収縮胞，細胞肛門　…13
- 1.6　共生とは・寄生とは　…13
- 1.7　原生生物の運動　…15
  - 1.7.1　遊泳運動　…15
  - 1.7.2　アメーバ運動（匍匐運動）　…16
  - 1.7.3　滑走運動　…17
- 1.8　細胞の分裂　…19
- 1.9　有 性 生 殖　…20
- 1.10　原生生物の魅力　…21

第 2 章　さまざまな場所にいる原生生物　…26
- 2.1　食 物 中　…26
  - 2.1.1　食物に潜み「ヒトに害をなす」原生生物　〔永宗喜三郎〕…26
  - 2.1.2　食物として利用される原生生物　〔丸山真一朗〕…34
- 2.2　住 宅 内　…36
  - 2.2.1　住宅内に潜み「ヒトに害をなす」原生生物　〔八木田健司〕…36

2.2.2　住宅内にいる人畜無害な原生生物 ………………………〔矢吹彬憲〕… 45
　2.3　動 物 の 中 ………………………………………………………………… 46
　　2.3.1　動物とヒトに感染・寄生する原生生物
　　　　　………………………………………〔福田康弘・中井　裕〕… 46
　　2.3.2　ルーメン繊毛虫 …………………………〔伊藤　章・島野智之〕… 49
　2.4　昆虫・ダニの中 ………………………………………………………… 52
　　2.4.1　昆虫・ダニとヒトに感染・寄生する原生生物 …〔小林富美恵〕… 52
　　2.4.2　昆虫に共生する原生生物 ……………………………〔野田悟子〕… 62
　2.5　植物の中（植物病原菌）……………………………………………… 65
　　2.5.1　植物とヒトに感染・寄生する原生生物 ……………〔平川泰久〕… 65
　　2.5.2　植物に感染・寄生する原生生物 ………〔白鳥峻志・廣岡裕吏〕… 66
　2.6　土 　の 　中 …………………………………………………………… 67
　　2.6.1　土の中に潜みヒトに害をなす原生生物 …………〔八木田健司〕… 67
　　2.6.2　土の中にいる人畜無害な原生生物 …………………〔島野智之〕… 69
　2.7　淡 　水 　中 …………………………………………………………… 72
　　2.7.1　淡水中に潜みヒトに害をなす原生生物 …………〔八木田健司〕… 72
　　2.7.2　淡水中にいる人畜無害な原生生物 ………〔矢吹彬憲・雪吹直史〕… 73
　2.8　海 　の 　中 …………………………………………………………… 80
　　2.8.1　海の中に潜みヒトに害をなす原生生物 ……………〔松崎素道〕… 80
　　2.8.2　海の中にいるヒトに感染しない原生生物
　　　　　………………………………………〔石谷佳之・土屋正史〕… 84

第3章　アメーバを通じた原生生物学への誘い ………………………… 92

　3.1　細胞構造の多様性 ……………………………………〔白鳥峻志〕… 92
　　3.1.1　ラビリンチュラ類の外質ネット ……………………………… 92
　　3.1.2　ハプト藻のハプトネマ ………………………………………… 93
　　3.1.3　メテオラの腕 …………………………………………………… 94
　　3.1.4　原生生物の目 …………………………………………………… 95
　　3.1.5　射出装置 ………………………………………………………… 96
　3.2　原生生物の系統分岐関係 ……………………………〔雪吹直史〕… 98
　　3.2.1　人間とシイタケが親戚同士 …………………………………… 99
　　3.2.2　キャバリエ=スミスによる八界説 …………………………… 99

3.2.3　SARとは ……………………………………………………… 100

3.2.4　祖先型真核生物アーケゾア？ ……………………………… 101

3.2.5　現在の真核生物の系統分類関係 …………………………… 102

3.3　原生生物の進化を駆動するメカニズム ………………〔矢吹彬憲〕… 103

3.3.1　原生生物でもみられる一般的な進化メカニズム ………… 104

3.3.2　原生生物ならではのユニークな進化メカニズム①：細胞内共生 ‥ 105

3.3.3　原生生物ならではのユニークな進化メカニズム②：

遺伝子の水平伝搬 ……………………………………………… 106

3.4　ミトコンドリアの起源・進化 …………………………〔神川龍馬〕… 107

3.4.1　ミトコンドリアとは何か …………………………………… 107

3.4.2　何がミトコンドリアとなったのか ………………………… 108

3.4.3　自由生活性細菌から細胞小器官に至るまで ……………… 109

3.4.4　嫌気生物がもつ変わったミトコンドリア ………………… 111

3.5　葉緑体の起源・進化 ………………………〔平川泰久・丸山真一朗〕… 112

3.5.1　葉緑体をもつさまざまな生物 ……………………………… 112

3.5.2　細胞内共生による葉緑体誕生 ……………………………… 113

3.5.3　二次・三次共生による葉緑体の進化 ……………………… 115

3.5.4　細胞内共生による遺伝情報の進化 ………………………… 116

3.5.5　光合成をやめた生物 ………………………………………… 117

3.6　原生生物と窒素固定細菌との共生関係 ………………〔中山卓郎〕… 118

3.6.1　生物と窒素固定 ……………………………………………… 118

3.6.2　ロパロディア科珪藻と細胞内共生シアノバクテリア ……… 120

3.6.3　ハプト藻とシアノバクテリアの共生 ……………………… 122

3.6.4　シロアリ腸内にみられる窒素固定細菌と原生生物の共生 ……… 123

3.6.5　窒素固定する原生生物たち ………………………………… 123

3.7　多細胞性の進化 …………………………………………〔菅　裕〕… 124

3.7.1　多細胞性とは何か …………………………………………… 124

3.7.2　動物の多細胞性の進化 ……………………………………… 125

3.7.3　単細胞ホロゾア ……………………………………………… 126

3.7.4　単細胞ホロゾアのゲノム …………………………………… 128

3.7.5　「多細胞的な」遺伝子の機能 ……………………………… 129

おわりに ………………………………………………………………………		131
付録：原生生物「見どころ」ガイド ………………………	〔永宗喜三郎〕	133
事 項 索 引 ……………………………………………………………………		135
生物名索引 ……………………………………………………………………		137

コラム目次

Column 1	界とスーパーグループ ………………………………	〔島野智之〕	4
Column 2	原生生物が原因で死んだ歴史上の人物 ……………	〔案浦　健〕	25
Column 3	女性必読！　トキソプラズマ感染と妊娠へのリスク		
	………………………………………	〔永宗喜三郎〕	44
Column 4	マラリアワクチン ………………………………………	〔案浦　健〕	48
Column 5	応用利用される微細藻類 ………………………………	〔本多大輔〕	73
Column 6	原生生物の生物指標の手法応用 ……………………	〔島野智之〕	79
Column 7	微　化　石 ………………………	〔石谷佳之・土屋正史〕	83
Column 8	地球全体の光合成 ………………………………………	〔杉江恒二〕	90
Column 9	レッドリストに掲載されている原生生物 …………	〔島野智之〕	91
Column 10	教材としての原生生物 ………………………………	〔末友靖隆〕	98

第1章
アメーバとは何か

 1.1 アメーバとは

　みなさんは「アメーバ」と聞いてどんな生き物を思い浮かべるだろうか．岩波書店の『生物学辞典第5版』によると，「狭義には *Amoeba*（アメーバ門ツブリネア綱）に属する生物のことだが，一般にはより広い意味で慣用的に用いられる．もっとも広義には仮足によって運動する生物（肉質虫類）または細胞のこと」とある．

　これだけでは具体的にイメージを思い浮かべることができないだろう．その昔昭和50年代に，スライムという玩具がはやったことがある．ご存じない方はネットで検索してみてほしいが，アメーバとはおおむねあのような生き物である．不定形で，強い弾力性があり，あちこちに付着し，それがまるで手足のように伸びる．「仮足によって運動する」というのは，伸ばした手足の先端をどこかに付着させ，そちらに向けて体全体を動かしていく，こういった運動のことだ．アメーバとは，スライムのように形が変わりながらぐにゅぐにょと動く生き物なのだ．このアメーバの運動は，人によっては気味悪く思われるかもしれないが，安心して欲しい．アメーバとその仲間たちはとても小さくて，肉眼でみることができない．だいたい 1〜100 μm（1 mm の 1/10 から 1/1000）くらいで，顕微鏡でみなければわからない．手元に顕微鏡があればみてみてほしい．アメーバとその仲間たちは，実はどこにでもいる．池や沼は当然ながら，土ホコリにも，海水にも，時にはわれわれの体の中にだっている．アメーバとその仲間たちは，土壌 1 g 中に 20 万匹もすんでいるといわれている．高校球児がもち帰る甲子園球場の土の中に，いったい何匹のアメーバとその仲間たちが生きているのか，想像し

ただけでも恐ろしくなる．

　アメーバとその仲間たちは，環境中でひっそりと暮らしているものだけではない．われわれにとりついて病気を起こすものもいる．後ほど詳しく紹介するが，ヒトに激しい出血性の下痢を起こしてしまうアメーバや，コンタクトレンズから目に入って角膜で増殖し，ひどいときには失明させてしまうアメーバ，肺炎を起こす病原菌を運んでくるアメーバたちだ．また，鼻や口から体の中に入っていって脳にまで到達し，頭蓋内で繁殖してわれわれを殺してしまうアメーバだっている．ちなみに環境中でひっそり暮らしているアメーバのことを自由生活性アメーバ，ヒトにとりついて病気を起こすアメーバのことを寄生性アメーバと呼んで区別することもある．寄生性アメーバはその名の通り，寄生虫の仲間である．いずれにしても目にみえないだけで，実はこの世界はアメーバとその仲間たちであふれている．

1.2　アメーバの誕生と進化

　ところでみなさんは，実はアメーバとわれわれヒトは同級生であることをご存じだろうか？

　恥ずかしいのだが，筆者は高校生くらいの頃，生物はみんなヒトを目指して進化していたのだと思っていた．その進化から脱落し，「落ちこぼれた」ものがイソギンチャクであったり，ハエであったりして，彼らは落ちこぼれた瞬間にもう進化を止めて，そのときのままの姿を今でもとどめている，というようなイメージをもっていた．もちろんこれはまったくの勘違いで，実際にはヒトもアメーバも共通の祖先から枝分かれして，お互い同じ時間をかけて違う方向に進化を続けてきただけだ．感覚的にはヒトは高等で，アメーバは下等であるように思いがちであるが，生物として成立し進化を続けてきた「年齢」は同じなのだ．そういう意味でわれわれヒトとアメーバは「同級生」なのである．ちなみに，このヒトとアメーバ，イソギンチャク，ハエの共通祖先のことを "Last Eukaryotic Common Ancestor（現存する真核生物の共通祖先）" の頭文字をとりLECA（リーカ）と呼んでいる．人類共通の母と呼ばれる12〜20万年前のアフリカ人女性を「ミトコンドリア・イブ」と呼ぶように，ヒトとアメーバの共通の母は「リーカ」と呼ばれているのだ．ミトコンドリア・イブと違い，リーカがいつ頃誕生したのかについては現状ではまだわかっていない．つまりヒトとアメーバが生物と

1.2 アメーバの誕生と進化

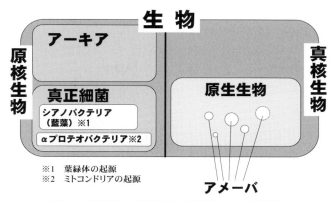

※1　葉緑体の起源
※2　ミトコンドリアの起源

図 1.1　原核生物・真核生物および原生生物の相関関係

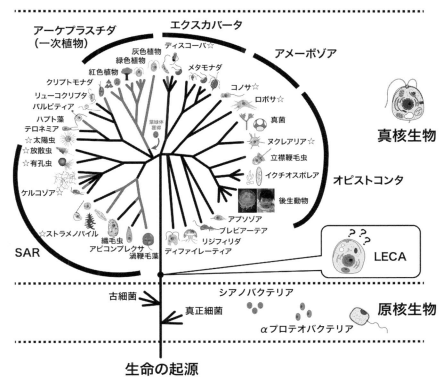

図 1.2　真核生物を中心とした全生物の系統関係
著者たちが知っている範囲でかつて肉質虫類として扱われていた生物種を含むグループを☆印で示した．

して「何年生」なのかは，はっきりとはわかっていない．

　ここで図1.1をみてほしい．地球上に生息するすべての生物は大きく2つの生物群に分けられる．真核生物と原核生物である．真核生物は，細胞内に生命活動の設計図であるDNAを含んだ構造である核が存在する生物であり，われわれ動物のような多細胞のものからアメーバのような単細胞のものまで含まれる．これに対し，原核生物は比較的単純な構造をした細胞を有しており，核もない．群体を形成することはあるが，多細胞のものはいない．この原核生物も，真正細菌とアーキア（古細菌）に分けられるが，ここでは詳しい説明は割愛させていただく．ヒトもミミズもカビもサクラも，肉眼でみえる生物のほぼすべては真核生物だ．真核生物は遺伝子配列によってさらに5つのグループに大別できる（図1.2，Adl *et al.*, 2012）．この5つのグループはそれぞれスーパーグループと呼ばれ，現在広く受け入れられている真核生物の分類体系内でもっとも上位の枠として扱われている．このうち，ヒトを含む多細胞動物とカビは1つのグループに，コケやシダを含むいわゆる陸上植物は別のグループに分類される．残りの生物，つまり，多細胞動物，菌類，陸上植物以外の真核生物は，すべて原生生物と呼ばれている．アメーバももちろん原生生物だ．今までも「アメーバとその仲間たち」と書いてきたが，それはまとめて原生生物のことだったのだ．基本的にみんな単細胞生物，つまり1つの細胞だけで生きている生物たちである．

Column 1　界とスーパーグループ

　分類学の父と呼ばれるカール・フォン・リンネ（Carl von Linné）は，階層的な分類体系を構築した．すなわち，共通項をもったいくつかの種をグループにまとめた上位階級を「属」と呼び，属をまとめたものを「科」と呼び，同様に目，綱，門，界と続く（図）．一番上のグループである界は，リンネが提案した当初は動物界・植物界の2つ（二界説）だった．

　その後，1969年にホイタッカー（R. H. Whittaker）が五界説を，1998年にキャバリエ=スミス（T. Cavalier-Smith）が六界説を提唱し，また，1990年にウーズ（C. Woese）が界の上の階級名として「ドメイン」を提案するなど，いくつもの大きな修正を経てきたが，リンネ式階層分類体系はごく大雑把にいえば，人間にとってもっとも身近な生物群である動物界・植物界の2つを基軸とし，「その他の生物」をどう分類するか，という考え方から出発している．

　しかし，分子遺伝学が発展するにつれ，こうしたリンネ式の考え方は，実際の生

分類階級名（学名）	（和名）	（例）ヒト
domain	ドメイン	真核生物 Eukaryota
kingdom	界（かい）	動物界 Animalia
phylum	門（もん）	脊索動物門 Chordata （脊椎動物亜門 Vertebrata）
class	綱（こう）	哺乳綱 Mammalia
order	目（もく）	サル目 Primate
family	科（か）	ヒト科 Hominidae
genus	属（ぞく）	ヒト属 *Homo*
species	種（しゅ）	*H. sapiens*

図　リンネ式階層分類体系

物全体の進化史とはまったく整合性がとれないことがわかってきた．進化の歴史からみれば，動物・植物などの多細胞生物の方が，後から出てきた例外的な新参者，つまり「その他」に過ぎない．生物進化の系統樹は，真核単細胞生物（原生生物）の広大な多様性の中に，多細胞生物が散在する形で成り立っているのである．

　そこで，分子遺伝学的情報や細胞生物学的情報に忠実に，真核生物全体の体系を見なおそうという立場で提唱されたのが国際原生生物学会（ISOP）による分類体系（Adl *et al.*, 2005）である．ここでは界ではなく，スーパーグループという概念を用いて，真核生物が6つに分けられた．この分類法には，原生生物を分類するにあたって優れた点がもう1つある．原生生物は遺伝的に著しく多系統な生物であるため，分類階級を主眼においたリンネ式の階層分類には適さない．研究が進むにつれ，所属や階級が変わることが珍しくないからだ．スーパーグループによる分類では，集合（グループ）と階層を用いた考え方は使わず，分子系統学的な「樹（ツリー）」でまとめられている．スーパーグループの下には単に「ランク」がいくつか設定されているに過ぎず，それぞれの生物群のランクは容易に変更される．

　実際に Adl *et al.*（2012）の改訂版では，スーパーグループは5つに改められ，ランクが大きく変わった分類群も多い（図1.2）．リンネ式分類では，ある種が別の科に移ったり，綱が目に変更されたりすることは大ニュースだったが，スーパーグループ方式では，階級が変わることはそれほど重要視されていない．

　このように，集合論的なリンネの生物分類の方法とはまったく独立に，分子系統学的な真核生物の体系が確立されつつある．ただし，原生生物においても新種が記載されるときには，リンネの分類方法に従って二語名法が用いられている．

〔島野智之〕

1.3 アメーバ研究の歴史

アメーバの研究と聞いて，みなさんはどのようなものを想像されるだろうか？世界で初めて発見されたアメーバは，おそらく今でいうオオアメーバ（*Amoeba proteus*）であり，1755年に「小さい変形菌」という名前で記録に残されている．その後，顕微鏡が普及するとともに，多くのオオアメーバに似た生物が報告されるようになってきた．研究の手法がほとんど光学顕微鏡（われわれが理科の実験で使うような顕微鏡）による観察のみだった時代には，それらは互いに近縁な生物だと考えられ，「肉質虫類」としてひとまとめに分類された．しかし，研究者の中には慧眼鋭い人が昔からいて，似ているんだけど少し違うということでこの肉質虫類もさらにいくつかのグループに分けられた．針状の仮足があるといったわかりやすい特徴で区別されていたグループもあれば，およそ一般人には認識できない細胞の動き（ちょっと移動速度が速いとか，ナメクジのように一方向に動くとか）でまとめられたグループもあった．1950年代くらいから，生物を観察する手法として電子顕微鏡（ウイルスや細胞の中の構造，場合によってはタンパク質までみることができる，光のかわりに電子線を用いる大型の顕微鏡）による観察が普及すると，細胞の中の構造を知ることができるようになった．すると，これまで肉質虫類と呼んでいた生物の中にも驚くべき多様性があることがだんだんわかってきた．たとえば先ほどの運動の様子が少し違っていたアメーバのグループは，最初に記載されたオオアメーバのグループと比べてミトコンドリア（後述，1.5節参照）とその周辺の微細な構造が異なっており，むしろ鞭毛をもって遊泳する一部の原生生物と類似していることが明らかとなった．さらに20世紀末頃以降には，顕微鏡観察だけでなく遺伝子の配列を解析するというやりかたが用いられるようになってきた．そうすると遺伝子レベルでどの生物とどの生物が近縁であるかが直接わかるようになり，アメーバの分類に大変革が起きた．いろいろな差異はあっても，全体としてはまあまあ似ている，1つの生物グループだと考えられていた肉質虫類が，系統的には真核生物のさまざまなグループに分散しており，決して1つにはまとめられないということがはっきりと示されたのだ（これを生物学的には多系統という）．細胞の運動が少し違うアメーバは，鞭毛をもつ原生生物とやはり近縁であることが確認されるとともに，オオアメーバよりもむしろミドリムシ（2.1.2項参照）などに近いことがわかってきた（詳しくは

3.1節参照)．同じように肉質虫類に分類されていたさまざまなアメーバたちが，次々と新しい別々のグループへ再分類されていった．そして今では肉質虫類という分類は生物のグループとして適当ではないと考えられるようになり，研究者の間ではあまり使われなくなってしまった．

こうしていろいろなグループに再分類されていったアメーバたちは，それぞれの生物グループにおいて次第に重要な研究対象となっていった．なぜならそれらの存在は，多くの生物グループにおいて，アメーバ→非アメーバ様の生物への進化，あるいは逆に非アメーバ様の生物→アメーバへの進化が複数回起きていたことを示す「生き証人」であることがわかってきたからである．また，別の側面として，生物の分類が感染症への対策としても大変重要であることも認識されていった．ある病原性原生生物に有効な治療薬が，同じグループに属する別種の病原性アメーバにも適応できるだろうと考えることは理にかなっている．その戦略を有効なものとするためには，正しい生物の分類が不可欠なのだ．

1.4 『アメーバ』という言葉にのせて

ここで改めて図1.2をみていただきたい．今までお話ししてきた通り「肉質虫類」として扱われていたアメーバどうしは必ずしも近縁なわけではなく，あるアメーバは全然アメーバにみえない生物と近縁だったりする様子が改めておわかりいただけるだろう．すごく複雑に思うかもしれないが，たとえていうなら，「海で泳いでいる生き物」にはサカナとクジラがいる．どちらもヒレで泳いでいるが実はクジラは全然ヒレをもたないイヌやネコと近縁なのだ，といっていることと近いのではないかと思う．そして，魚類だけを理解しても「海で泳いでいる生き物」を理解したとはいえないように，系統的にバラバラなアメーバをそれぞれ個別に理解しても，アメーバの進化や成り立ちを理解したことにはならないのである．つまりアメーバの世界を理解するためには，「肉質虫類」と呼ばれていたアメーバだけではなく，各アメーバに近縁な，アメーバではない原生生物に関する理解も重要なのである．そういう思いから，本書にはアメーバのみでなくアメーバの周辺の原生生物の話も含ませた．その結果，本書はタイトルこそ「アメーバのはなし」であるが，実際にはアメーバを含むすべての原生生物についての導入書となっている．原生生物の中でも比較的多くの方の耳に馴染みがあると思われる『アメーバ』という言葉を借りて，多様な原生生物を丸ごと紹介しようとい

う，トラならぬアメーバの威を借る本と思っていただいても構わない（アメーバに威があるかは議論が必要かもしれないが）．その目指すべき姿としては，仮足をもって運動する生物（いわゆるアメーバ）とそれに近縁な仲間たち，すなわち原生生物について現在までにわかっていることをわかりやすく説明し，多様な原生生物たちがみせる小さな世界で起こっているダイナミックな生態学的・進化学的諸現象の解説を通して，読者のみなさんの知的好奇心の充足とさらなる知的探究心を喚起しようというものである．原生生物に関する研究で，いかにさまざまな生物学的知見が集積しているのか読んで楽しんでいただきたい．

　余談になるが，生物学の本を読んで「原虫」という言葉を目にした読者もいるだろう（マラリアという病気を起こすマラリア原虫など）．この原虫という言葉は原生生物と同じものと思っていい．医学系の研究者の場合，歴史的に原生生物のことを「原虫」と呼ぶことが多く，理学系の研究者は「原生生物」と呼ぶことが多い．さらに言うと，医学者は基本的に病気を起こさない原生生物には興味がないので，「原虫＝病気を起こす原生生物」といえるかもしれない．また後述するが，原生生物の中には葉緑体をもち光合成を行うものもいる．本によっては光合成性の原生生物のことを微細藻類，非光合成性の原生生物のことを原生動物としてそれぞれ区別している場合もある．本書では，原虫も微細藻類も原生動物もまとめて含めて原生生物として解説している．

 ## 1.5　真核細胞

　ここで原生生物の細胞のつくりについて簡単に説明したい（図 1.3）．図 1.2 で述べた通り真核生物には 5 つのスーパーグループが存在し，そのそれぞれで細胞構造には違いがあるが，ここでは多くの系統で共通している基本的な構造について説明する．中学や高校の生物の授業で習ったことのある言葉も出てくると思うので，すでに知識がある方は読み飛ばしても構わないが，原生生物博士が説明するとどうなるのか，中学の理科の先生や高校の生物の先生の授業と違うのかどうか，復習もかねてそのあたりに興味をもって読んでいただけるとありがたい．

1.5.1　核

　核は真核生物の名前のもととともなっている，極めて重要で，また構造としても目立つ（つまり大きい）細胞小器官である．細胞小器官というのは，細胞の中で

朝倉書店〈生物科学関連書〉ご案内

手の百科事典

バイオメカニズム学会 編
B5判 608頁 定価（本体18000円＋税）（10267-3）

人間の動きや機能の中で最も複雑である「手」を対象として、構造編、機能編、動物編、人工の手編、生活編に分け、関連する項目を読み切り形式で網羅的に解説した。工学、医学、福祉、看護、スポーツなど、バイオメカニズム関連の専門家だけでなく、さまざまな分野の研究者、企業、技術者の方々が「手」について調べることができる内容となっている。さらに、解剖や骨格も含め「手の動きと機能」について横断的に理解でき、高度な知識も効果的に得られるよう構成されている。

ライフサイエンス 顕微鏡学ハンドブック

山科正平・高田邦昭 責任編集
B5判 344頁 定価（本体14000円＋税）（31094-8）

ライフサイエンスの現場では、新しい顕微鏡装置の導入により新しい研究の視点が生まれ、そこからさらにまた大きな学問領域が展開される。本書は、ライフサイエンス領域において活用されている様々な顕微鏡装置、周辺機器、および標本作製技術について、集大成し、近未来的な発展図をも展望する。読者は、生命科学領域の研究機関、食品、医薬品、バイオ関連企業の研究者および大学院生、並びに顕微鏡および関連装置のメーカーにおいて開発に当たる研究者、技術者まで。

光と生命の事典

日本光生物学協会 光と生命の事典 編集委員会 編
A5判 436頁 定価（本体11000円＋税）（17161-7）

生命を維持していくために、光はエネルギー源、情報源として必要不可欠である。本書は、光と生命に関連する事項や現象を生物学、医学など様々な分野から捉え、約200項目のキーワードを見開き2頁で読み切り解説。正しい基礎知識だけでなく、応用・実用的な面からも項目を取り上げることにより、光と生命の関係の重要性や面白さを伝える。〔内容〕基礎／光のエネルギー利用／光の情報利用（光環境応答、視覚）／光と障害／光による生命現象の計測／光による診断・治療

環境と微生物の事典

日本微生物生態学会編
A5判 448頁 定価（本体9500円＋税）（17158-7）

生命の進化の歴史の中で最も古い生命体であり、人間活動にとって欠かせない存在でありながら、微小ゆえに一般の人々からは気にかけられることの少ない存在「微生物」について、近年の分析技術の急激な進歩をふまえ、最新の科学的知見を集めて「環境」をテーマに解説した事典。水圏、土壌、極限環境、動植物、食品、医療など8つの大テーマにそって、1項目2〜4頁程度の読みやすい長さで微生物のユニークな生き様と、環境とのダイナミックなかかわりを語る。

日本産アリ類図鑑

寺山 守・久保田敏・江口克之著
B5判 336頁 定価（本体9200円＋税）（17156-3）

もっとも身近な昆虫であると同時に、きわめて興味深い生態を持つ社会昆虫であるアリ類。本書は日本産アリ類10亜科59属295種すべてを、多数の標本写真と生態写真をもとに詳細に解説したアリ図鑑の決定版である。前半にカラー写真（全属の標本写真、および大部分の生態写真）を掲載、後半でそれぞれの分類、生態、分布、研究法、飼育法などを解説。また、同定のための検索表も付属する。昆虫、とりわけアリに関心を持つ学生、研究者、一般読者必携の書。

図説生物学30講
楽しく学ぶ生物学の入門書

〈動物編〉1 生命のしくみ30講
石原勝敏著
B5判 184頁 定価(本体3300円+税) (17701-5)

生物のからだの仕組みに関する30の事項を，図を豊富に用いて解説。細胞レベルから組織・器官レベルの話題までをとりあげる。章末のTea Timeの欄で興味深いトピックスを紹介。〔内容〕酵素の発見／細胞の極性／上皮組織／生殖器官／他

〈動物編〉2 動物分類学30講
馬渡峻輔著
B5判 192頁 定価(本体3400円+税) (17702-2)

動物がどのように分類され，学名が付けられるのかを，具体的な事例を交えながらわかりやすく解説する。〔目次〕生物の世界を概観する／生物の普遍性・多様性／分類学の位置づけ／研究の実例／国際命名規約／種とは何か／種分類の問題点／他

〈動物編〉3 発生の生物学30講
石原勝敏著
B5判 216頁 定価(本体4300円+税) (17703-9)

「生物のからだは，どのようにできていくのか」という発生生物学の基礎知識を，図を用いて楽しく解説。各章末にコラムあり。〔内容〕発生の基本原理／卵割と分子制御／細胞接着と細胞間結合／からだづくりの細胞死／老化と寿命／他

〈植物編〉1 植物と菌類30講
岩槻邦男著
B5判 168頁 定価(本体2900円+税) (17711-4)

植物または菌類とは何かという基本定義から，各々が現在の姿になった過程，今みられる植物や菌類たちの様子など，様々な話題をやさしく解説。〔内容〕藻類の系統と進化／種子植物の起源／陸上生物相の進化／シダ類の多様性／担子菌類／他

〈植物編〉2 植物の利用30講
岩槻邦男著
B5判 208頁 定価(本体3500円+税) (17712-1)

人と植物の関わり，植物の利用などについて，その歴史・文化から科学技術の応用までを楽しく解説。〔内容〕役に立つ植物，立たない植物／農業の起源／栽培植物の起源／遺伝学と育種／民俗植物学／薬用植物と科学的創薬／果物と果樹／他

〈植物編〉3 植物の栄養30講
平澤栄次著
B5判 192頁 定価(本体3500円+税) (17713-8)

植物の栄養（肥料を含む）の種類や，その摂取・同化のしくみ等を解説する，植物栄養学のテキスト。〔内容〕土と土壌／窒素同化／養分と同化産物の転流／カリウム／微量必須元素／有害元素／遺伝子組換え／有機肥料／家庭園芸肥料／他

〈植物編〉4 光合成と呼吸30講
大森正之著
B5判 152頁 定価(本体2900円+税) (17714-5)

生物のエネルギー供給システムとして重要な「光合成」と「呼吸」について，様々な話題をやさしく解説。〔内容〕エネルギーと植物／葉緑体の光合成光化学反応／藍藻の出現／光合成色素／光呼吸と酸素阻害／呼吸系の調節／光環境応答／他

〈植物編〉5 代謝と生合成30講
芦原 坦・加藤美砂子著
B5判 176頁 定価(本体3400円+税) (17715-2)

植物は，光エネルギーにより無機物質を有機化合物に変換し，様々な物質を生み出すことによって，生命を維持している。本書は，その複雑な仕組みを図を用いて平易に解説。〔内容〕植物の代謝／植物細胞／酵素／遺伝子発現／代謝調節／他

〈環境編〉1 環境と植生30講
服部 保著
B5判 168頁 定価(本体3400円+税) (17721-3)

植生（生物集団）は環境条件の指標としてよく用いられる。本書では，里山林・照葉樹林・湿原・草原などの現状，環境保全等を具体事例を掲げ，興味深く解説。〔内容〕植生／照葉樹林／照葉樹林構成種／神社に残された森／里山林／群落／他

〈環境編〉2 系統と進化30講
岩槻邦男著
B5判 216頁 定価(本体3500円+税) (17722-0)

多様に分化して地球表層に適応した生物相をつくっている現生生物が，歴史的にどのように発展してきたかを平易に俯瞰的に解説。〔内容〕地球の誕生と生命の起源／原核生物の進化と系統／酸素発生型光合成の起源／真核生物の起源／他

〈環境編〉3 動物の多様性30講
馬渡峻輔著
B5判 192頁 定価(本体3400円+税) (17723-7)

本書では，動物界の多様性の全貌を把握するために，より理解が深められるよう，従来の一般的に教科書とは構成を逆にして，ヒトが属する脊椎動物から海綿・平板動物へと解説した。豊富なイラストを駆使して，視覚的にもわかるよう配慮。

知られざる動物の世界〈全14巻〉

貴重な生態写真と解説で "知られざる動物" の世界を活写

1. 食虫動物・コウモリのなかま
前田喜四雄訳
A4変判 120頁 定価(本体3400円+税)(17761-9)

哺乳類の中でも特徴的な性質を持つ食虫動物のなかま(モグラ・ハリネズミなどの食虫目、およびアリクイ・アルマジロ・センザンコウ)、最も繁栄している哺乳類の一つでありながら人目に触れることの少ないコウモリ類を美しい写真で紹介。

2. 原始的な魚のなかま
中坊徹次監訳
A4変判 120頁 定価(本体3400円+税)(17762-6)

魚類の中でも原始的な特徴をもつ種を一冊にまとめて紹介。バタフライフィッシュ、アフリカンナイフ、ヌタウナギ、ヤツメウナギ、ハイギョ、シーラカンス、ビキール、チョウザメ、ガー、アロワナ、ピラルク、サラトガなどを収載。

3. エイ・ギンザメ・ウナギのなかま
中坊徹次監訳
A4変判 128頁 定価(本体3400円+税)(17763-3)

軟骨魚網からエイ・ギンザメ類、硬骨魚網から独特の生態を持つことで知られるウナギ類を美しい写真で紹介。ノコギリエイ、シビレエイ、ゾウギンザメ、ヨーロッパウナギ、ハリガネウミヘビ、アナゴ、ターポン、デンキウナギなどを収載。

4. サンショウウオ・イモリ・アシナシイモリのなかま
松井正文監訳
A4変判 130頁 定価(本体3400円+税)(17764-0)

独特の生態をもつ両生類の中から、サンショウウオ、イモリ、アシナシイモリの仲間を紹介。オオサンショウウオ、トラフサンショウウオ、マッドパピー、ホライモリ、アホロートル、アカハライモリ、マダラサラマンドラなどを収載。

5. 単細胞生物・クラゲ・サンゴ・ゴカイのなかま
林 勇夫監訳
A4変判 130頁 定価(本体3400円+税)(17765-7)

水中に暮らす原始的な生物を、微小なものから大きなものまでまとめて美しい写真で紹介。アメーバ、ゾウリムシに始まりカイメン、クラゲ、ヒドロ虫、イソギンチャク、サンゴ、プラナリア、ヒモムシ、ゴカイ、ミミズ、ヒルなどを収載。

6. エビ・カニのなかま
青木淳一監訳
A4変判 128頁 定価(本体3400円+税)(17766-4)

無脊椎動物の中から、海中・陸上の様々な場所に棲み45000種以上が知られる甲殻類の代表的な種を美しい写真で紹介。フジツボ類、シャコ類、アミ類、ダンゴムシ類、エビ類、ザリガニ類、ヤドカリ類、カニ類、クーマ類などを収載。

7. クモ・ダニ・サソリのなかま
青木淳一監訳
A4変判 128頁 定価(本体3400円+税)(17767-1)

節足動物の中でも独特の形態をそなえる鋏角類(クモ、ダニ、サソリ、カブトガニ等)・多甲類のさまざまな種を美しい写真で紹介。ウミグモ、カブトガニ、ダイオウサソリ、ウデムシ、ダニ類、タランチュラ、トタテグモなどを収載。

8. 小型肉食獣のなかま
本川雅治訳
A4変判 120頁 定価(本体3400円+税)(17768-8)

興味深い生態を持つ優れたハンターでありながら図鑑などで大きく取り上げられることのない小型の肉食獣を紹介。アライグマ、レッサーパンダ、イタチ、カワウソ、アナグマ、クズリ、ジャコウネコ、マングース、ミーアキャットなどを収載。

9. 地上を走る鳥のなかま
樋口広芳監訳
A4変判 128頁 定価(本体3400円+税)(17762-6)

鳥の中でも独特の特徴を持つグループ「飛べない鳥」を紹介。ダチョウ、エミュー、ヒクイドリ、レア、キーウィ、クジャク、シチメンチョウ、キジ、オライチョウ、セキショクヤケイ、ノガン、ミフウズラ、スナバシリ、コトドリなどを収載。

10. 毒 ヘ ビ の な か ま
疋田 努監訳
A4変判 120頁 定価(本体3400円+税)(17770-1)

魅力的でありながら恐ろしい毒ヘビの生態や行動を紹介。キングコブラ、アオマダラウミヘビ、タイガースネーク、パフアダー、ガボンバイパー、ラッセルクサリヘビ、マツゲハブ、マレーマムシ、ヨコバイガラガラヘビ、マサソーガなどを収載。

11. サ メ の な か ま
山口敦子監訳
A4変判 128頁 定価(本体3400円+税)(17771-8)

狩猟と殺戮に特化した恐ろしい海のハンター、サメ類の興味深い生態の数々を紹介。ネコザメ、テンジクザメ、ナースシャーク、ジンベエザメ、メジロザメ、シュモクザメ、メガマウス、ネムリブカ、ホホジロザメ、ノコギリザメなどを紹介。

12. ナ マ ズ の な か ま
松浦啓一訳
A4変判 120頁 定価(本体3400円+税)(17772-5)

世界中の淡水に分布し、特徴的な姿で観賞魚としても人気のあるナマズ類を紹介。ギギ、ヒレナマズ、デンキナマズ、シートフィッシュ、シャーク・キャットフィッシュ、ゴンズイ、サカサナマズ、アーマード・キャットフィッシュなどを紹介。

13. 甲 虫 の な か ま
青木淳一監訳
A4変判 128頁 定価(本体3400円+税)(17773-2)

種数にして全動物の三分の一を占め、地球上で最も繁栄している動物群の一つである甲虫類を紹介。オサムシ、ハンミョウ、ゲンゴロウ、ジョウカイボン、テントウムシ、カブトムシ、クワガタムシ、フンコロガシ、カミキリムシなどを収載。

14. セミ・カメムシのなかま
友国雅章訳
A4変判 128頁 定価(本体3400円+税)(17774-9)

「バグ」という英語が本来示すのは半翅目すなわちセミ・カメムシのなかまのことである。人間社会に深い関わりを持つ彼らの中からカメムシ、セミ、アメンボ、トコジラミ、サシガメ、ウンカ、ヨコバイ、アブラムシ、カイガラムシなどを紹介。

シリーズ〈生命機能〉3 記憶の細胞生物学

小倉明彦・冨永恵子著
A5判 212頁 定価(本体3200円+税)(17743-5)

記憶の仕組みに関わる神経現象を刺激的な文章で解説。〔内容〕記憶とは何か／ニューロン生物学概説／記憶の生物学的研究小史／ヘッブの仮説／無脊椎動物・哺乳類での可塑性研究のパラダイム転換をめざして／記憶の障害

シリーズ〈生命機能〉4 物理学入門 ―自然・生命現象の基本法則―

渡辺純二著
A5判 180頁 定価(本体2900円+税)(17744-2)

ダイナミックな生命システムを理解するために必要な物理の世界をエッセンシャルに解説。〔内容〕マクロな世界の法則：力学および電磁気学／ミクロな世界の法則：量子力学／ミクロとマクロをつなぐ法則：統計物理学／ゆらぎと緩和過程

図説 無脊椎動物学

R.S.K.バーンズ他著　本川達雄監訳
B5判 592頁 定価(本体22000円+税)(17132-7)

無脊椎動物の定評ある解説書The Invertebrate—a synthesis—（第3版）の翻訳版。豊富な図版を駆使し、無脊椎動物のめくるめく多様性と、その奥にひそむ普遍性《生命と進化の基本原理》が、一冊にして理解できるよう工夫のこらされた力作

生物多様性概論 ―自然のしくみと社会のとりくみ―

宮下 直・瀧本 岳・鈴木 牧・佐野光彦 著
A5判 192頁 定価(本体2800円+税)(17164-8)

生物多様性の基礎理論から、森林、沿岸、里山の生態系の保全、社会的側面を学ぶ入門書。〔内容〕生物多様性とは何か／生物の進化プロセスとその保全／森林生態系の機能と保全／沿岸生態系とその保全／里山と生物多様性／生物多様性と社会

生物多様性と生態学 ―遺伝子・種・生態系―

宮下 直・井鷺裕司・千葉 聡著
A5判 184頁 定価(本体2800円+税)(17150-1)

遺伝子・種・生態系の三部構成で生物多様性を解説した教科書。〔内容〕遺伝的多様性の成因と測り方／遺伝的多様性の保全と機能／種の創出機構／種多様性の維持機構とパターン／種の多様性と生態系の機能／生態系の構造／生態系多様性の意味

3Dで探る 生命の形と機能

綜合画像研究支援編
B5判 120頁 定価(本体3200円+税)(17157-0)

バイオイメージングにより生命機能の理解は長足の進歩を遂げた。本書は豊富な図・写真を活用して詳述。〔内容〕3D再構築法と可視化の基礎／3Dイメージング／胚や組織の3D再構築法／電子線トモグラフィ法／各種顕微鏡による3D再構築法。

ダニのはなし ―人間との関わり―

島野智之・高久 元 編
A5判 192頁 定価(本体3000円+税)(64043-4)

人間生活の周辺に常にいるにもかかわらず、多くの人が正しい知識を持たないままに暮らしているダニ。本書はダニにかかわる多方面の専門家が、正しい情報や知識をわかりやすく、かつある程度網羅的に解説したダニの入門書である。

蚊のはなし ―病気との関わり―

上村 清編
A5判 160頁 定価(本体2800円+税)(64046-5)

古来から痒みで人間を悩ませ、時には恐ろしい病気を媒介することもある蚊。本書ではその蚊について、専門家が多方面から解説する。〔内容〕蚊とは／蚊の生態／身近にいる蚊の見分け方／病気をうつす蚊／蚊の防ぎ方／退治法／調査法／他

昆虫の脳をつくる ―君のパソコンに脳をつくってみよう―

神崎亮平 編著
A5判 216頁 定価(本体3700円+税)(10277-2)

昆虫の脳をコンピュータ上に再現する世界初の試みを詳細に解説。普通のパソコンで昆虫脳のシミュレーションを行うための手引きも掲載。〔目次〕昆虫の脳をつくる意味／なぜカイコガを使うのか／脳地図作成の概要とソフトウェア／他

ISBN は 978-4-254- を省略

（表示価格は2018年3月現在）

朝倉書店

〒162-8707 東京都新宿区新小川町6-29
電話 直通(03) 3260-7631　FAX (03) 3260-0180
http://www.asakura.co.jp　eigyo@asakura.co.jp

09-18

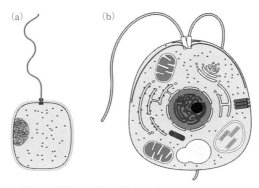

図 1.3 細胞小器官．原核生物 (a) と真核生物 (b)

ある程度の大きさと何かしらの機能をもっている構造物のことである．ヒトでいう胃袋とか脳とか肝臓とかに相当するものであるといえば想像しやすいのではないだろうか．胃袋，脳，肝臓などの構造物を「器官」というのに対して，細胞の中にある構造物は小さいので「小器官」なのである．先にも少し述べたが，核にはさまざまな生命活動の設計図である DNA が含まれている．細胞内でさまざまな反応（運動や消化など，本当にすべての反応）が起こるとき，その反応にはそれぞれ多くのタンパク質が関与している．タンパク質は基本的には 20 種類のアミノ酸が連なり，折りたたまれたものである．その長さや，含まれるアミノ酸の種類と構成によって，多様なタンパク質が生成され，細胞内でさまざまな役割を果たしている．つまり生き物は大雑把にいってタンパク質の反応の連鎖からできており，一見とても複雑にみえる生物というものは，多くのタンパク質による多くの反応という化学に落とし込むことができる．すべてのタンパク質の機能がわかれば生命そのものがわかるのではないかというのが，今の生物学の大きな流れである（生物の化学，略して生化学，あるいは分子の生物学，分子生物学という）．では，そのタンパク質はどのようにしてつくられているのだろうか？ 実際にタンパク質を合成しているのはリボソームという複雑な分子装置なのだが，そのリボソームは RNA という物質に書かれている情報に従ってタンパク質をつくっている．では，その RNA はどこから来るのか？ その答えが DNA である．RNA は DNA のもっている情報をコピーしたものに過ぎない．タンパク質は RNA を設計図として合成され，その RNA は DNA に描かれている情報のコピーであり，その RNA としてコピーされる領域（とコピーに際して必要になる

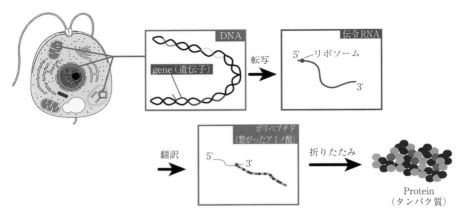

図1.4 セントラル・ドグマ．転写はDNAの塩基配列情報をmRNA（伝令RNA）にうつしかえる．翻訳は塩基配列情報をアミノ酸配列に変換する．

領域）を含んだ範囲を遺伝子と呼ぶのである．このDNA→RNA→タンパク質という遺伝情報が伝達されていく流れのことを「セントラル・ドグマ」といい，この流れこそが生物学の本質であるとされている（図1.4）．

　よくゲノムという言葉を耳にすることがあると思うが，ゲノムとはDNAの1セットのことを指して使う言葉である．たとえば，ヒトの1細胞の中には1つの核が存在し，その中には46本の染色体が存在する．染色体とは長いDNAがタンパク質と絡み合いギュッと束ねられたものだ．このヒトの染色体46本は基本的に父親から受け継いだ23本と母親から受け継いだ23本が対になっていて，つまり23組46本となっている．この染色体が核膜と呼ばれる膜構造で囲まれたものが核である．

　染色体の数は，コイは100本，ヤドカリは254本などとなっており，当然多いほど優秀などということはない．また対の数もゾウリムシ（2.2.2項でお話するアメーバ）などでは数百対もあったりして，これも生物の進化や優劣とは無関係だ．染色体に含まれるDNAの情報すべてを指してゲノムと呼ぶ．ヒトのゲノムには先ほど説明した遺伝子が約2万2000個と，一見何のために存在しているのかわからない遺伝子をコードしていない領域（実際にはこちらの方が圧倒的に多いのであるが「ガラクタ（ジャンク）領域」と呼ばれている）の2つの領域からなっている．厳密には，細胞内に存在するミトコンドリアや，植物などがもつ葉緑体も独自のゲノムをもっているため（後述），核のゲノムは「核ゲノム」，ミト

コンドリアのゲノムは「ミトコンドリアゲノム」，葉緑体のゲノムは「葉緑体ゲノム」とそれぞれ呼ばれて区別されている.

1.5.2 細 胞 質

　細胞とは細胞膜によって覆われた区画のことであり，その中には核などのさまざまな細胞小器官が含まれる．その主要な細胞小器官を除いた区画のことを細胞質と呼ぶ．では，細胞質には何もないのか，水か何かで満たされているだけなのか，というとそうではなくさまざまなタンパク質が存在し，生体反応の場となっている．後述する細胞運動も，この細胞質で起こる反応によって進行する．さまざまな生体反応は，細胞質というドロリとした粘液質の中で起きやすいように最適化されており，細胞質は生体反応の場として重要な役割を担っている.

1.5.3 ミトコンドリア

　みなさんの体を形づくっている細胞，1つ1つの中に細菌がすんでいるのはご存知であろうか？　みなさんの細胞の中で ATP と呼ばれるエネルギーのもととなる物質をおもにつくっているミトコンドリアという細胞小器官は，真核生物の祖先が細菌を取りこんで進化させてできた細胞小器官なのである．つまりみなさんが生活していく上で必要とするエネルギーは，われわれを含む全真核生物の祖先が以前取りこんで奴隷化した細菌（α プロテオバクテリア，図1.1参照）につくらせているのである．したがって，ミトコンドリアの内部には共生した細菌のゲノムの名残がまだ残っており，これをミトコンドリアゲノムと呼ぶ．ミトコンドリアの機能についてはエネルギー合成以外にもいろいろ知られており，またそれは多様な原生生物ごとに違いがある．原生生物のミトコンドリア研究は，原生生物研究の中でももっともホットなテーマの1つでもある（3.4節参照）.

　ちょっと話はそれるが，ミトコンドリアの起源を共生細菌に求める「細胞内共生説」を世界に広く知らしめたのは，アメリカの原生生物学者，リン・マーギュリス博士である．マーギュリス博士は，天文学者として有名なカール・セーガン博士の最初の妻である．筆者（永宗）はもう「いい歳のおっさん」なのだが，少年時代にセーガン博士が監修したテレビ番組である『コスモス』に胸を躍らせていたものである．その科学少年が成長し，青年時代にマーギュリス博士の細胞内共生説に出会い，衝撃を受け，今ここに「原生生物博士」としての筆者がいるのである．つまり筆者はこの夫婦に育てられたも同然なのである．いくら感謝して

もしきれるものではない.

1.5.4 葉緑体

植物はなぜ緑色をしているかというと葉緑素（クロロフィル）をもっているからである．葉緑素はどこにあるかというと葉緑体にあり，これが光合成すなわち太陽の光を浴びて糖を合成する一連の反応を行う場としての機能を担っている．実は葉緑体もまたミトコンドリア同様に共生によって成立した細胞小器官であり，内部には葉緑体の起源となったシアノバクテリア（図1.1参照）という細菌に由来するゲノムが残っており，葉緑体ゲノムと呼ばれている．葉緑体なんて植物だけがもつものだと思っている読者もおられるかと思うが，実は光合成をする原生生物は数多く存在している．また葉緑体は遠く離れた系統へと飛び移って機能することが知られており，光合成を行う真核生物はさまざまな系統に属している．また，一部の寄生性原生生物は，光合成性の原生生物から進化してきたことが明らかになっており，その細胞内には退化した葉緑体が存在することも知られている．葉緑体をめぐる原生生物の進化については3.5節で説明するので，詳しくはそちらを参考にしていただきたい．

1.5.5 繊毛，鞭毛

多くの原生生物は，繊毛または鞭毛をもち遊泳運動する能力をもっている．もちろん鞭毛をまったくもたずアメーバ運動のみが移動手段という原生生物もいるが，全体の中では少数派である．繊毛も鞭毛も構造的には同じもので，細胞の周囲に生えている細い毛のような構造体である．この構造体が多数で細胞表面を覆っており，繊維のようにみえるものが繊毛で，1～16本ほどで鞭のようにみえるものが鞭毛である．どちらも外周に9本（正確には二量体の管が9つ），中心部に2本の微小管と呼ばれる細い管を基本骨格としてもっている（図1.5）．繊毛・

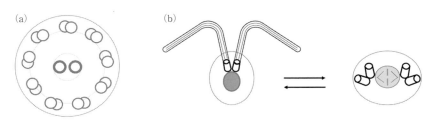

図1.5 繊毛・鞭毛の9+2構造（a）と基底小体（b）

鞭毛は，基底小体と呼ばれる幹のように細胞内に埋まった構造から伸びている．この基底小体は，細胞が分裂するときに核を分配するための装置としての機能もあり，真核細胞を語る上で，またその進化を議論する上で極めて重要な小器官である．

1.5.6 細胞口，食胞，収縮胞，細胞肛門

これらは摂食や排泄に関わる器官である．細胞口とは摂食のための構造物，つまり原生生物の「口」に相当する部分である．細胞口という「口」から摂取された食物は，食胞と呼ばれる小胞（膜で包まれた小さな空間）に集められる．ここはヒトでいうところの「胃」に相当する部分である．ここは胃と同じく酸性環境であり，タンパク質を分解する消化酵素が含まれ，いわゆる「消化」が行われている．原生生物はこの消化によって生じたアミノ酸を吸収・利用し自身の機能維持や自分を複製するときの材料としている．

逆に排泄のために存在する細胞小器官が収縮胞である．淡水に生きている原生生物は，自身の塩濃度がまわりの環境より濃いため常に細胞内へと水が流入している．この水を細胞外に排出する，つまりヒトでいうところの排尿と似た働きをもつ器官が収縮胞である．収縮胞は水が流入することにより拡張し，水を排出した後に収縮する．この一連の拡張～収縮の動作を周期的に繰り返すことにより「おしっこ」をしている．収縮胞は淡水産の原生生物には必ず存在するが数や大きさは生物種によって異なる．一方で，海産や寄生性のものは，水の流入がほとんどないと考えられるため収縮胞をもたない種が多い．また，細胞内で消化されない物質を細胞外へ放出する機能（細胞肛門）も一部の原生生物には備わっている．

1.6 共生とは・寄生とは

さて，ここまで読み進めていただいたみなさんの中に次のような疑問をもたれた方はいないだろうか．アメーバの中にはヒトにとりついて病気を起こす寄生性アメーバというのがいるらしい．一方でわれわれの体にとりついた細菌がミトコンドリアとしてわれわれにエネルギーを与えてくれている．これらはいったいなにが違うのだろうか？　言い換えるならば，寄生と共生は何がどう違うのだろうか．すばらしい疑問である．答えは「同じ」である．本来「寄生」も「共生」も広い意味での「共生」なのである（図 1.6）．いい日本語がないので複雑に思え

図 1.6 寄生・共生および自由生活性のイメージ図

るのだが，「広い意味での共生」の中で，両方に利益がある生き方を双利共生といい，片方のみに利益があるものを偏利共生という．偏利共生の中でとくに，片方に利益があってさらにもう片方に害悪がある場合のことを寄生と呼んでいる．しかしこれらの定義は結構曖昧なもので，いろいろ考えていくと境界線がわからなくなっていくことが多い．

一例をあげてみよう．コバンザメはジンベイザメなどの大型魚類に吸着して移動し，さらに大型魚類の食べ残しを食べて生きている．この関係は，一般的にはジンベイザメには害がないと考え偏利共生の例としてあげられることが多いのであるが，コバンザメにくっつかれたジンベイザメは不快な思いをしていないのか，移動に不自由をきたしていないのか，もしこれらがあるのであればこの関係は寄生になるし，ジンベイザメの体表に同じく付着している寄生性の甲殻類をコバンザメが食べてしまうこともあるだろう．もしあればこの関係は双利共生である．

もう 1 つ．2.3.2 項で紹介するように，牛などの反芻動物の胃の中には無数の原生生物がいて，牛が植物を消化するのを助けている．一方で原生生物も牛の食べた植物から栄養を得ているので，この関係は双利共生の例としてあげられる．しかしこの関係はヒトとサナダムシとの関係と何が違うのだろう？ サナダムシは寄生虫と蔑まれていて，一方で牛の胃の中の原生生物はまるで益虫のような扱いを受けているのは不当ではないのか？ さらにいうと牛の胃の中の原生生物は反芻の後，消化途中の植物とともに胃の中で消化され牛の栄養となる．一方，サナダムシも本来日本に土着している種類はヒトにはほとんど病害性をもたない．それどころか，昨今の現代人にアレルギーもちが多いのは，寄生虫などがいない綺麗すぎる体のせいだといわれたりもしている．これが本当ならば，ヒトから栄養がもらえるサナダムシ，サナダムシによってアレルギーになりにくい体になるヒトは互いに利益があり，双利共生といえる．しかし，宿主であるヒトがなんら

かの原因で体力が失われた場合には，共生者であったはずのサナダムシがより負担となり，害をなす寄生虫となってしまう（寄生状態となる）．

このように寄生と共生は，それぞれの状態によっても関係性が変化しうる実に曖昧で，ある種感覚的なものでもある．このような事情で最近では，寄生も「狭い意味での」共生もすべてをひっくるめて，「共に関係し合って生きていく」という生きざまのことを共生とよんでいる．一方でそれらに対して，自由気ままに独立して生きていく生きざまのことを自由生活という．

 ## 1.7　原生生物の運動

原生生物は小さな生き物だが，実は非常に個性豊かである．そしてそれぞれの個性がもっとも発揮され，またわれわれの目を楽しませてくれるのは，もしかしたら細胞の動く様子であるかもしれない．もちろん原生生物はあまりにも小さく，顕微鏡で覗かないとその素晴らしい世界をみることはできないが，ここではその個性豊かなふるまいを大きく3種類に分けて説明したい．

1.7.1　遊泳運動

その名の通り，繊毛や鞭毛によって「泳ぐ」運動である．繊毛による運動も鞭毛による運動もどちらも基本的には「毛」を曲げてしならせ，その「しなり」を毛の先端方向へと伝えていく「波動運動」によって推進力を生み出している．ヒトにおいては鞭毛により運動する細胞として精子があげられる．したがって鞭毛による運動と聞くと精子がシッポのように鞭毛を動かして運動する様子を思い浮かべる方も多いだろうが，あのような運動様式は実は少数派である．多くの原生生物では鞭毛は進行方向に向かって細胞前端についており，鞭毛は平泳ぎのときの手のように「掻く」動きに使うか（図1.7(b)），頭から生えている鞭毛を一度体に沿わせて後ろまで伸ばし，残りの部分をシッポのように使うのである（図1.7(c)）．シッポ型の鞭毛をもっているのはいわゆる「動物」とカビの仲間だけであり，その他大多数は頭から鞭毛が生えている．また鞭毛そのものにさらに細かい毛が生えているような場合もある．生えている毛（鞭毛小毛という）の構造も原生生物の種類によって違いがある．マスチゴネマと呼ばれるタイプの鞭毛小毛は，推進力を生み出す役割があることも知られている．マスチゴネマが付随する鞭毛を進行方向に伸ばし小刻みにくねらせるとマスチゴネマは振幅し，その結

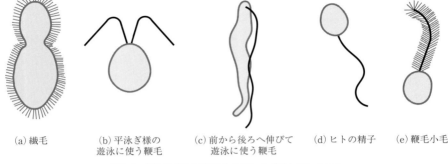

(a) 繊毛　(b) 平泳ぎ様の遊泳に使う鞭毛　(c) 前から後ろへ伸びて遊泳に使う鞭毛　(d) ヒトの精子　(e) 鞭毛小毛

図 1.7　原生生物の表面に生えている「毛」のいろいろ

果として伸長した鞭毛とは逆向きの推進力が生じる．

1.7.2　アメーバ運動（匍匐運動）

　原生生物とその仲間たちには，上述のような特別な運動器官（繊毛，鞭毛）を使わずに移動できるものもいる．その代表格は典型的なアメーバ（狭義のアメーバ，*Amoeba*）だ．最初に紹介したスライムという玩具によく似た「仮足によって運動する」というやつである．この運動についてもう少し詳細にみてみよう．細胞の中身である細胞質には実は 2 つのステージがある．1 つは柔らかくて流動するゾル，もう 1 つは固くて流動しないゲルと呼ばれる．ゾルとゲルはあくまでステージであり，ゾルからゲルへ，またゲルからゾルへと転換できる．アメーバによる運動，アメーバ運動はゾルが細胞の先端部分でゲル化し，さらにそこで収縮することによりゾルが前方へと引っ張られるというのが分子的な実態であると考えられている（図 1.8（a），洲崎，2014）．そのゲルが収縮する際に重要となるのがアクチンとミオシンである．アクチンとミオシンは真核生物に広く保存されているタンパク質で，アメーバだけではなく多くの真核生物の運動を司っている．一番よく研究されているのが筋肉の運動であり，その原理はすべての生物のアクチン／ミオシン運動に原則的にはあてはまる．簡単にいえば，アクチンが重合して形成された線維の上をミオシンが「ラチェット」のように動くことによりアクチン線維を滑らせるというメカニズムである（図 1.8（b），Albearts, 2010）．この運動が筋肉ではなく細胞質で起きているのがアメーバ運動の本質である．最初に書いた「仮足の先端をどこかに付着させ，そちらに向けて体全体を

1.7 原生生物の運動

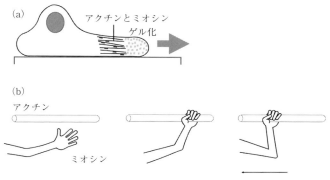

図 1.8 アメーバ運動 (a) とアクチン，ミオシンの滑り運動 (b)

動かしていく」というのは，仮足先端のゲル化した部分が固定され，アクチン／ミオシンの滑り運動によってアメーバ細胞全体が引き寄せられるという運動のことなのだ．

1.7.3 滑走運動

もっと変わった運動として，繊毛や鞭毛のような運動器官をもたず，アメーバ運動のような細胞の変形も伴わずに，一見何もせずただ体だけが滑っていくようにみえるものがある．滑走運動という．代表的なものとしてマラリア原虫やトキソプラズマなどアピコンプレックス門というグループに属する原生生物や，植物プランクトンの一群である珪藻（の一部）があげられる．中でもよく研究されているのがトキソプラズマという寄生性の原生生物で，実は人類の 1/3 以上が感染しているというもっとも繁栄している寄生生物である（詳細は 2.1.1 項参照）．滑走運動も基本はやはりアクチン／ミオシンの滑り運動である（永宗，2014）．トキソプラズマは頭部先端部分から宿主細胞に対する付着分子を分泌する．この付着分子はトキソプラズマの細胞膜を貫通しており，内部の先端はアクチン線維に，外部の先端は宿主細胞表面の付着対象物質と結合している．トキソプラズマ内部のアクチン線維にはヒトの筋肉と同様にミオシンが結合していて，さらにミオシンは内側の細胞骨格と結合している（図 1.9）．この状態でミオシンがアクチン線維の上を滑るとどうなるだろうか？　ミオシンは細胞骨格に固定されているので動かない．アクチン線維も付着分子を介して宿主細胞表面の付着対象物質に固定されている．となると，動くのは宿主細胞かトキソプラズマ自身となる

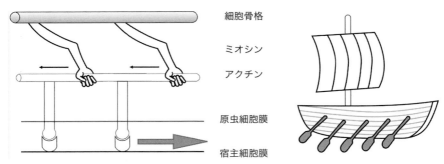

図 1.9　トキソプラズマの滑走運動

らせん運動（必ず時計回り）　　旋回運動（必ず反時計回り）　　回転運動（起き上がって頭を振って倒れる運動．頭は必ず時計回り）

図 1.10　トキソプラズマの運動様式

が，この場合宿主細胞はトキソプラズマに比べて圧倒的に大きいので（10 μm 以上 vs 2 μm 以下）必然的にトキソプラズマが移動させられる（このあたりは水上を滑る船をイメージすると想像しやすいだろう）．

　トキソプラズマ研究者の中には変わった人たちが多数いて，トキソプラズマがどんな動き方をどのくらいの頻度でするのかを観察した研究グループがあった．余談であるが後に筆者（永宗）はそのグループに合流し，トキソプラズマについての研究手法を学んだ．さて，彼らの観察結果によりトキソプラズマの運動様式はらせん運動，旋回運動，回転運動の 3 種類あることが明らかとなった（図 1.10）．これらの運動はおそらくすべて前述のアクチン／ミオシンを介した運動なのだろうと考えられているが，どのようなメカニズムによって最終的な動き方に変化が生じるのかについては現在あまりよくわかっていない．

1.8 細胞の分裂

　図 1.11 に一般的な（哺乳動物）細胞と原生生物の代表的な細胞分裂の様式を示した．アメーバの仲間たちも基本的にはこれと同様の機構で行われるものと考えられている．分裂は，原生生物にとって次世代に命を繋ぐための重要なプロセスであり，その個体内では極めて厳密なルールやプロセスのもとに進行している（各細胞小器官が倍加する順番や，分裂に際し細胞内での再配置など）．その一方で，それらのルールやプロセスは，多様な原生生物間で異なっている場合もあり，その成立には複雑な進化があったことが窺い知れる．たとえば，滑走運動をする生物の一例として紹介したアピコンプレックス門に属する生物の仲間たちでありマラリアを引き起こすマラリア原虫などは，2 分裂ではなく，増員増殖（シゾゴニー）という特別な分裂様式により分裂する．われわれ哺乳動物の細胞分裂は図 1.11（a）に示した通り大雑把にいうと，(1) 染色体が倍化し核膜が消失，(2) 染色体（ゲノム DNA）の分配，(3) 細胞質の分裂，という 3 つのステップが順番に進行するのであるが，増員増殖は，(1) 核膜の消失なしに染色体数の大増幅，(2) 核の分裂が一度に多数起きて，その結果多核（種類にもよるが数十〜数万）の細胞となり，(3) 核の分裂が終了してから細胞質の分裂が起きて，最終的に 1 個の核からなる娘細胞が多数同時に形成される，というわれわれヒトとはまったく異なった分裂様式をとることが知られている．

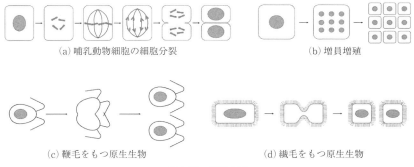

図 1.11　細胞分裂

1.9 有性生殖

ヒトをはじめわれわれの身近にいる生き物には無性生殖と有性生殖が存在する．無性生殖とは前項で述べたような細胞分裂のことで，ただ単純に自身のコピーをつくって数を増やすという営みだ．それに対して有性生殖とは精子と卵子のような配偶子ができ，配偶子間で遺伝子を交換し新個体をつくる．生物はこの有性生殖により遺伝的形質の多様性を生み出し，環境の変化などに適応している．真核生物の世界を広く見渡してみると有性生殖というシステムはさまざまな系統

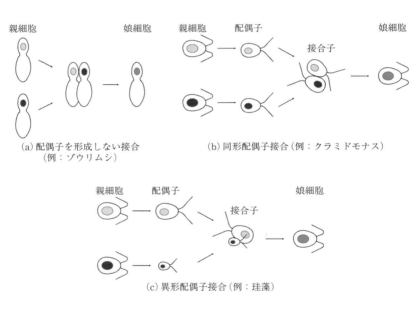

図1.12 有性生殖のさまざまな様式

から報告されている．多くの系統に存在しているということは，それら多くの系統が枝分かれするより以前からあった，すなわち古くからあったということを意味している．しかし，どのように成立したのかについては，未だよくわかっていない．

　原生生物の世界でも有性生殖は多くの種で知られている．ゾウリムシの仲間やアオミドロなどの藻類でみられる「接合」では，有性生殖に際して2匹が互いに接着し遺伝子の交換をする（図1.12 (a)）．交換後に2匹のゾウリムシは分離し，それぞれが新たな世代となる．ヒトなどと違い精子や卵子のような配偶子は形成しないことが特徴である．それに対し，配偶子を形成する原生生物たちの存在も知られている．クラミドモナスという原生生物はまわりの環境がよくなくなると配偶子に分化し接合する．ただし，ヒトとの違いは配偶子に大きさや形の違いがないことであり，「同形配偶子接合」とよばれる（図1.12 (b)）．一方で配偶子の大きさや形が異なるものは異形配偶子接合という（図1.12 (c)）．あるグループの珪藻（中心目珪藻）やアオサなど海藻の仲間によくみられる様式である．ヒトなどのように形や大きさのみでなく，動く，動かないといった機能的にも差がある配偶子間での有性生殖のことを受精という．原生生物の世界でもマラリア原虫などは受精を行う（図1.12 (d)）．

1.10　原生生物の魅力

　さて，ここまで原生生物の進化，形，生態について簡単に説明してきたがいかがだろうか．われわれヒトと比べて似ているところや異なっているところがいろいろあったのではないだろうか？　原生生物に関する興味を抱いていただけているとありがたい．最後に筆者が考える原生生物の魅力について述べて第1章の締めくくりとしたい．筆者が思う原生生物の最大の魅力はやはりその多様性にあると思う．ここでもう一度図1.2を見直してみてほしい．前にも述べたが，われわれの肉眼でみえる生き物は多細胞の動物，菌類，植物がほとんどすべてである．しかし，われわれが生き物のすべてだと思い込んでいたものは真核生物の中のほんの一部にしか過ぎず，それら以外はすべて原生生物世界の住民なのである．真核生物の多様性は原生生物が担っているといって差し支えない．残念ながら原生生物は直接肉眼ではみることができないので，普段われわれはその生態を直接目にすることができない．第2章以降で原生生物の織りなす驚くべき世界の一端を

具体的に紹介させていただくので，ぜひそこで原生生物の多様性を実感していただきたい．

　ここまで読んでいただけたみなさんはもうご存じだろうが，原生生物の中にはヒトに感染症を引き起こすものもいる．今日の日本において感染症で亡くなる方はそんなに多くはないのだろう．しかしひとたび世界に目を向けると感染症は今でもなお人類の脅威であり続けており，4人に1人は感染症によって亡くなっている．みなさんは感染症といえば抗生物質やワクチンをイメージされるだろうが，寄生性原生生物（原虫）の世界にとって抗生物質やワクチンはほとんど存在しないも同然なのだ．生命現象の在り方がヒトとまったく異なるウイルスや細菌では有効な抗生物質やワクチンが数多く存在する．抗生物質のほとんどは細菌に対する薬であるため，日本では細菌による感染症で亡くなる方が激減したのはみなさんよくご存じだと思う．またウイルスによって引き起こされる病気である天然痘はワクチンによって撲滅されたし，同じくウイルスによる病気であるポリオもほとんど制圧寸前である．それではなぜ原生生物に対する抗生物質やワクチンがほとんどないのか？　それは細菌やウイルスに比べて原生生物はあまりに複雑で，生命現象のあり方がヒトに近すぎるからである．抗生物質というものは基本的に細菌にあってヒトにない生命反応を標的としてつくられる．細菌とヒトではあまりに異なっているのでそういう標的が多数見つかるのだが，原生生物ではヒトに近すぎて標的がほとんど存在しない．そのため原生生物に対する薬は副作用が大きな問題となることが多い．たとえばアフリカ大陸に蔓延するトリパノソーマという原生生物（2.3.1項および2.4.1項参照）に対する薬は，20世紀前半に開発されたそのままである．この薬は副作用がとても強く，1/3から半数の患者は投薬による副作用で死亡してしまうといわれている．アフリカの人たちは今でもこのような薬を使わざるを得ない現状である．ただ，それでも薬があるだけましで，世の中には治療法の存在しない寄生性原生生物による感染症が多数存在している．WHO（世界保健機関）はトリパノソーマのように，忘れられたまま放置されている熱帯病を「顧みられない熱帯病（neglected tropical diseases）」として20指定しているが，そのうち3つが原生生物による疾患である．また，原生生物は細菌に比べてその生き方が巧妙すぎてせっかくつくった薬剤に対して耐性を獲得してしまうことも多く，免疫システムからの逃避方法があまりにも巧妙なのでワクチンもほとんど望み薄である．しかし，ヒトと原生生物との間にある違いを見つけ出すことができれば，それは抗原生生物薬開発の大きなヒントとな

る．また，そういうヒトにない生命反応は，本書を読み進めていっていただくとおわかりいただけるだろうが，とても面白い．つまり原生生物を深く知ることは，知的興味を満足させてくれる上質の冒険であり，またそのことが面白ければ面白いほど，つまりヒトの生命反応と違っていれば違っているほど，抗原生生物薬開発のための重要なヒントとなり得て，もしかするとそのことにより世界中の子供たちを助けられるかもしれない．「一粒で二度オイシイ」学問なのである．

　また，歴史的な原因で原生生物の研究が体系だって行われてこなかったことも大きな魅力の１つであろう．原生生物の分類は，今でこそ図 1.2 のようにはっきりわかってきたが，ほんの最近まであまりはっきりわからなかった．実際この図が正しいのかどうかについてすら，今でもいろいろな角度から議論，検証がなされ続けている．過去にも真核生物の分類はたびたび変わっているし，研究者によっても結構言うことが違っていることが多い．図 1.2 は 2018 年夏の段階でもっとも支持されていると思われる，2012 年に国際原生生物学会による公式な分類体系として提唱されたものを示している（Adl *et al*., 2012）．こういう歴史的背景があって，寄生性原生生物に関する研究は寄生虫学として，光合成性原生生物に関する研究は藻類学として，それ以外の原生生物に関する研究は原生動物学や菌類学，進化学，生態学といった分野で，という風にそれぞれさまざまな場所で別々に行われてきた．研究者間の交流もあまりなく，個別に独立して進められてきたという伝統的背景があるともいえるかもしれない．そのため，他分野，とくにモデル生物を用いる研究者たち（ヒトのモデルとしてマウスやショウジョウバエ，カエルや酵母などを使って研究している！）にはほとんど顧みられてこなかった．彼らの常套句として「酵母からヒトまですべての真核生物に共通する……」という表現があるが，図 1.2 の通り酵母からヒトまででは真核生物のスーパーグループのわずかに１つの枝をみているに過ぎないことがようやく認識されるようになってきた．つまりとても若く，これから調べなくてはならないことがいくらでもある学問分野なのだ．残念ながらもう「いい歳のおっさん」である筆者たちでは間に合わないかもしれないが，本書を読んだ若いみなさんが今後原生生物の驚くべき生態（特異性）と「ヒトからアメーバまで」すべての真核生物に共通の真理（普遍性）を見極めていってくれ，さらにそれらによって世界中の子供たちの命まで救ってくれれば筆者としてこれ以上の喜びはない．

　それではまず手始めとして，第２章では身近な場所に潜んでいる原生生物を紹介する．食べ物の中や家の中，動物の体の中などどこにいるのかによって分類

し，さらに寄生性と自由生活性の原生生物に分けて紹介していくことにする．われわれの身近な環境中にも，面白い原生生物や恐ろしい原生生物たちがすんでいることがおわかりいただけるだろう．さて，ここで改めて口絵1ページ目を眺めていただきたい．ここではみなさんの身近な環境中にさまざまな原生生物たちが生きている様子を簡単に表している．日常の風景の中をよ〜くみてみると，さまざまな場所に原生生物が存在しているのである．そしてそれはあなたの体の中も同様だ．あなたの体の表面や体内も無数の原生生物であふれている．ただし図の中で，1つだけ注意してほしい点がある．図の中にヒトと蚊の間で感染が行き来する原生生物としてマラリア原虫を例としてあげている．もちろんあなたの体の中や，今あなたを刺した蚊の中にマラリア原虫がいるわけではない．今，日本国内にはマラリアは常在していない．あくまでも例として示しただけなのでご安心いただきたい．ただし国外に目を向けると，マラリアは今でも世界人口の約40%の人に感染の可能性があり，実際に毎年2億人以上の人たちが感染し，さらにそのうちの40万人以上が死亡している，ある意味「ありふれた」感染症なのである．ちなみに日本人も毎年100名近くが海外でマラリアに感染し日本に「輸入」しているし，マラリアは日本のお隣の国，韓国や中国でも大きな問題となっている．日本にも戦前までは存在し，日本の歴史にも大きな影響を与えてきた（*Column* 2参照）．現代日本に生まれたあなたはもしかするととても幸運に恵まれているのかもしれない．

　第3章では少しだけ専門的な原生生物の進化学，生態学の一端をお話ししていこう．専門的といってもまったく恐れることはない．本書は，さまざまな原生生物学の分野において活躍している博士たちが結集し，みなさんにどう伝えればわかってもらえるか，頭をひねって考えてきた．きっとご満足いただけるものと信じている．

〔永宗喜三郎・矢吹彬憲〕

文　献

1) Adl, S.M., *et al.* : The revised classification of eukaryotes. *J. Euk. Microbiol.*, **59** (5), 429-514, 2012.
2) Alberts, B., *et al.* : 細胞の分子生物学　第5版，Newton Press, 2010.
3) 永宗喜三郎ら：明日に向かってスベれ！　細胞運動獲得モデル：アピコンプレクサ類生物．細胞工学，**33** (7), 774-776, 2014.
4) 洲崎敏伸編：原生生物フロンティア　その生物学と工学，化学同人，2014.

Column 2　原生生物が原因で死んだ歴史上の人物

　原生生物の病原体である「寄生原虫」の感染により命を落とした著名人は，決して少なくない．とくにマラリア（今でも年間 43 万人以上の死亡者が報告されている）による著名人の死亡例は世界中で多数報告されている．古くはツタンカーメン，ゲルマニクス・ユリウス・カエサル，オットー 2 世（神聖ローマ皇帝）などがそうであり，近代ではマザー・テレサなどが知られている．とくにツタンカーメンは，遺伝子検査の結果から致死性の高い熱帯熱マラリア原虫に感染していたことが明確となり，「病弱なツタンカーメンは落下などにより骨折しさらにマラリアに感染したため死亡したのだろう」と，エジプト考古最高評議会は科学的根拠をもとに報告している．一方で日本国内では，古典にしばし登場する瘧病（おこりやまい）は，間欠的に発熱・悪寒や震えを発する病気であることから三日熱マラリアを指すと考えられ，一休宗純（一休和尚）が酬恩庵（京都府）においてマラリア"瘧"で死去している．この瘧は「源氏物語」の光源氏が病んでいることでも有名であり，昔は日本においても比較的ポピュラーな疾患であったことが伺える．現在の日本でも，マラリア原虫を媒介するハマダラカは全国に広く生息するので忘れてはならない疾患である．

〔案浦　健〕

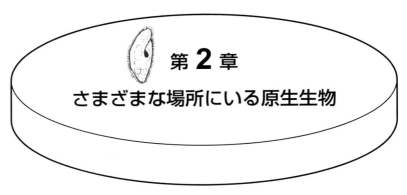

第 2 章
さまざまな場所にいる原生生物

 2.1 食 物 中

2.1.1 食物に潜み「ヒトに害をなす」原生生物

食物中にいる寄生性原生生物には非常に多くの種があるが，ここではトキソプラズマ，肉胞子虫，粘液胞子虫の3種類を取りあげる．

食物中にいる寄生性の原生生物ということは，考えてみると当然のことであるが食物中に寄生しているということである．つまり，食物とヒトの両方に寄生できる能力をもっていないと食物中にいる寄生性原生生物になることはできないのである．それではどのような食物に寄生している原生生物がヒトにも寄生できるのだろうか．一番多いのがやはりヒトに近い哺乳動物である．今回取りあげる中では肉胞子虫がこれに該当する．トキソプラズマは哺乳動物に加えて鳥類からも感染できる．粘液胞子虫はおもに魚類に寄生している．また，肉類以外に野菜や果物から感染する場合もあるが，これは野菜を洗う際の水を介する場合（2.7.1項参照）や，昆虫に感染していたものが昆虫ごと果物ジュースに混入し感染する場合（2.4.1項参照）であり，本項では取りあげない．

a. トキソプラズマ

トキソプラズマ（*Toxoplasma gondii*）は，マラリアを引き起こす病原体であるマラリア原虫と同じアピコンプレックス門（アピコンプレクサ（Apicomplexa））に属する．アピコンプレックス門には約3000以上の種が知られており，すべてが基本的に宿主細胞に侵入し，その中で増殖する寄生生物である．図2.1にアピコンプレクサ類の基本構造を示す．特徴的なのは細胞の前部（頭部，アピカル側）に細胞侵入のための特別な装置，アピカルコンプレックスをもっていること

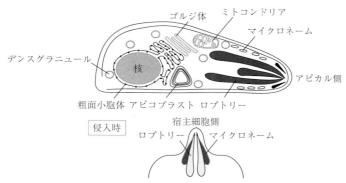

図 2.1 トキソプラズマとアピカルコンプレックス

であり，原虫はそこから細胞への侵入，または侵入後に宿主細胞を改変するのに必要なタンパク質を分泌する．それらのタンパク質はマイクロネームおよびロプトリーと呼ばれる特別な細胞小器官に貯蔵されており，必要に応じてアピカルコンプレックスから分泌される．トキソプラズマもアピカルコンプレックスをもっており，宿主細胞への侵入に必要なタンパク質がマイクロネームから，宿主細胞機能の改変に必要なタンパク質がロプトリーから，アピカルコンプレックスを経由して分泌される（青沼，2010）．

　マイクロネームから分泌されるタンパク質は，宿主細胞表面の付着対象物質に結合する付着分子である．付着分子の種類は数十種類もあり，そのためトキソプラズマは後述するようにさまざまな種類の動物のさまざまな種類の細胞に感染できると考えられている．中でも面白いのが AMA1 という付着分子である．この付着分子の標的はトキソプラズマ自身がロプトリーから分泌したタンパク質なのである．つまり，自分で付着分子と，その足場となる標的分子の両方を分泌しているのである．

　トキソプラズマにおいて，ロプトリーは基本的に宿主細胞機能をトキソプラズマにとって都合のいいように改変するためのタンパク質を貯蔵している細胞小器官である．ロプトリーから分泌されるロプトリータンパク質群は大きく分けて 2 つの行き先がある．トキソプラズマは宿主細胞に侵入した後，膜に包まれた状態で存在し，その膜の中で増殖する．ロプトリータンパク質の行き先の 1 つは，その原虫が包まれた膜である．ロプトリータンパク質は，その膜の性質を自分の生存に適するように変化させる．そしてさらにもう 1 つの行き先は宿主細胞の核で

ある．核へ移行したロプトリータンパク質は，宿主の転写因子や転写因子活性化因子の活性を変化させ，結果として宿主遺伝子の発現量を自分の都合のいいように変化させる．つまりトキソプラズマは宿主の遺伝子発現系を乗っ取ることで，宿主を自分の増殖に適した姿に変化させることができるのである．

　トキソプラズマが宿主機能を乗っ取るのは細胞レベルに限ったことではなく，個体レベルにおいても観察される（アリサバラガ・サリバン，2017）．たとえば，通常，マウスはネコの尿のニオイを恐れて，ニオイのするところには近づかないことが知られている．ところが，トキソプラズマに感染したマウスは，逆にネコの尿のニオイのするところに好んで近づいていくことが観察された．また，トキソプラズマに感染したヒトは，統計的に交通事故を起こす確率が上昇していたし，自殺率も上昇していた．さらに，トキソプラズマに感染したヒトは性格に変化が現れることも統計学的に示された．その変化には性差があり，男性は，IQの低下，注意力の散漫，規則を破る，危険行為を犯す，独断的，反社会的，猜疑的，嫉妬深い，気難しい方向へと変化し，つまり一言でいうと「女性にもてなくなる」方向へ操られる．逆に女性は，社交的かつふしだらな方向，すなわち「男性にもてる」方向へと変化するのだそうである．これら一連のトキソプラズマ感染がヒトの行動に変化を与えるのではないかという仮説は，チェコ共和国のプラハにあるカレル大学のヤロスラフ・フレグル博士によって提唱されており，彼はこの一連の解析により2014年度イグ・ノーベル賞公衆衛生賞を受賞している．

　さて，このようなトキソプラズマはヒトにどのような病気を引き起こすのであろうか．まずトキソプラズマは健康な一般のヒトにはなんら症状を示さない．したがって多くのヒトは自分がトキソプラズマに感染していることに気づかないが，実はトキソプラズマは世界的には全人類の1/3以上に感染している（永宗，2012）．感染率の高い国としては，ブラジルの80%以上，フランスやインドネシアの50%以上があげられる．日本では大規模な調査がここ30年以上行われていないが，5～10%くらいであろうと考えられている．つまりみなさんのクラスメートの中に数人はトキソプラズマに感染しているヒトがいるのだ．先日交通事故にあったあの子だろうか，それとも男子にモテモテのあの子だろうか……．

　それではトキソプラズマはどこから感染するのだろうか．感染源はおもに2つ，ネコのフン（フンのついたホコリなど）と火の通っていない調理不十分な肉である．トキソプラズマはすべての哺乳動物および鳥類に感染可能であり，またすべての有核細胞（つまり赤血球以外）に感染可能であるので，「肉」とは家畜

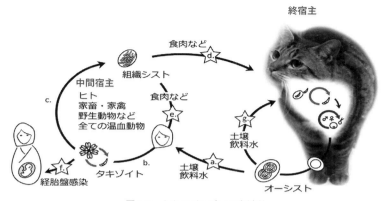

図 2.2　トキソプラズマの生活環

や野生動物（ジビエ），家禽まで含むすべての種類の，そして筋肉や内臓，血液などすべての部位の「肉」である．トキソプラズマは世界でもっとも成功している寄生虫の 1 つなのである．ここでトキソプラズマの生活環を紹介しよう（図 2.2）．生活環とは寄生虫などの病原体が感染，蔓延していく様子を示した図のことで，いろいろな動物や環境を経由してもとのスタート地点に戻っていく様子がまるで「輪」のようにみえることから生活環と呼ばれる．またとくに寄生虫の生活環においては，終宿主と中間宿主という 2 種類の宿主をもつものが多い．「宿主」とは寄生虫を宿す生物のことであり，感染により病気を起こすことも起こさないこともある．寄生虫の宿主の中での増殖には 2 種類があり，それぞれ無性生殖と有性生殖と呼ばれている（第 1 章参照）．体内で無性生殖が行われる宿主のことを中間宿主，有性生殖が行われる宿主のことを終宿主と呼んでいる．つまり後ほど紹介するが，マラリアを起こす病原体であるマラリア原虫は蚊の体内で有性生殖を行うので，蚊が終宿主であり，ヒトが中間宿主なのだ．つまりマラリア原虫は蚊に感染するための一時的な乗り物として人間様を使っている，といえるのかもしれない．

　前置きが長くなったが，ここで改めて図 2.2 を眺めてほしい．トキソプラズマの中間宿主はヒトを含むすべての哺乳類，鳥類であるというのはすでに紹介した通りだ．中間宿主に感染したトキソプラズマは，すべての有核細胞内に侵入し，活発に増殖を始める．その後，宿主が原虫の感染に気づき，抗体（体内で病原体の増殖をふせぐような生体防御因子の 1 つ）産生などの免疫反応を発動させる．

トキソプラズマはその免疫反応により増殖を止められ，おもに脳や筋肉内で固い殻を被った状態となる．この状態のことをシストとよび，シストとなった原虫はもう免疫反応も薬剤も届かなくなり，トキソプラズマは一生宿主の体内に留まり続ける．そう，一度トキソプラズマに感染するともう二度と治らずに一生感染が続くのだ．このシストを調理不十分な状態で次の宿主が摂食すると，原虫は新しい体内で活発な増殖を再開する．一方で，新しい宿主が終宿主であるネコ科の動物であった場合，トキソプラズマは終宿主の腸管内に留まり，オスとメスに分化して有性生殖を起こす．有性生殖を終えたトキソプラズマは，シストよりもさらに強固な殻に包まれたオーシストという状態で糞便とともに環境中に排出される．このオーシストは環境中で少なくとも数年間は生存しており，次の宿主への感染機会をじっと狙っている．このオーシストを，中間宿主（または終宿主でも）が土，または水を介して摂取すると1つの輪が完成し，次の生活環が始まるのだ．

　ヒトがトキソプラズマによる病気，つまりトキソプラズマ症を発症するのはおもに2つの場合である．1つは，健康な感染者がガンや臓器移植，AIDSなどにより免疫不全状態に陥ったとき，トキソプラズマはシストの殻を破り，活発な増殖を再開する．その際，シストは脳に多数存在しており，免疫不全者は致死的な脳炎を引き起こすのである．もう1つは，女性が妊娠後に「初めて」トキソプラズマに感染した場合，トキソプラズマは免疫反応の発現まで活発に増殖するのだが，その際に胎盤を通過して胎児に移行し，死産・流産や水頭症などの先天性障害を引き起こす可能性がある．この場合，妊婦はほとんど症状を示さないため感染に気づかない場合も多く，健診を受けることが決定的に重要である（トーチの会，2012）．また，妊娠前にすでに感染している女性は，すでにトキソプラズマに対する免疫を有しているために二度目の感染は起きないので（ごく少数の例外の報告を除き）心配する必要はない．とくに女性の方は自分がすでに感染しているのかどうか知っておくことも重要である（*Column* 3参照）．

　それではトキソプラズマ感染を防ぐためにはどうすればいいのであろうか．先ほども述べた通り，感染源はネコのフン（フンのついたホコリなど）と調理不十分な肉類のみで，空気感染や接触感染はないので，この2つのルートにだけ気をつければいい．まずネコのフンについてであるが，すべてのネコが感染源となるわけではない．フンとともにトキソプラズマを排出するのは，（1）トキソプラズマに初めて感染したネコが，（2）感染して2週間くらいまで，だけである．また，外界に排出されたトキソプラズマはヒトに感染可能となるのにおよそ24時

間以上を必要とする．したがって内ネコを飼う場合，ネコのトイレを毎日掃除していればまず問題ない（一応念のため，妊婦さんは旦那さんにトイレ掃除をお願いすることを筆者はオススメする）．妊娠したからといって飼いネコを処分する必要はまったくないのだ．肉についてはどうだろう？　ここまででお話しした通り，トキソプラズマはすべての種類の肉から感染できる．ただしそれらが充分調理されていると，トキソプラズマも死滅してしまい感染できなくなる．充分とはどのくらいかというと，肉の中心部分までが−12℃以下，あるいは67℃以上になることが一応の目安である．加熱する場合，肉の赤い部分がなくなるまでと覚えていればわかりやすいだろう．凍結処理は加熱の場合とは異なり，中心部分の温度が基本的にわからない．また，レストランなどで「この肉は冷凍ですか？」などと聞くことも現実的ではないので，心配な方にはやはり「色が変わるまで加熱」をオススメしている．もう1つ，電子レンジ処理は完全に不活化できないので，あまりオススメできないことも追記しておきたい．

b.　肉胞子虫

　肉胞子虫（サルコシスティス，*Sarcocystis* spp.）もトキソプラズマ同様アピコンプレックス門に属する原生生物である（八木田，2012）．分類学的には100種類以上の原生生物が肉胞子虫属として分類されるが，食物中にいる寄生性原生生物として日本で問題となっているのはフェイヤー肉胞子虫（*S. fayeri*）である．フェイヤー肉胞子虫の中間宿主はウマ，終宿主はイヌ科の動物である．したがってフェイヤー肉胞子虫の感染ルートはウマ，日本ではとくに馬刺しである．フェイヤー肉胞子虫は馬刺しとともにヒトに摂取された後，ヒトの腸に達し，そこで激しい下痢，嘔吐，腹痛などの消化器症状を引き起こす．ただし，ヒトはフェイヤー肉胞子虫の宿主ではないので，フェイヤー肉胞子虫はヒトの腸管内では増殖できず，そのまま下痢とともに体外へと排出される．下痢を起こすのには原生生物の増殖を必要としないので，下痢は食後数時間で速やかに発生し，原生生物の排出に伴い通常1日以内に回復することが特徴である．予防法はトキソプラズマと同様，加熱または凍結であるが，日本ではおもな感染源が馬刺しであると考えられており，加熱してしまうと「サシミ」ではなくなるため，加熱ではなく凍結処理がおもに用いられている．凍結は中心まで −20℃で48時間が目安とされており，現在レストランや市場に出回っている馬刺しのほとんどは適切に凍結処理されている．

c. 粘液胞子虫

　粘液胞子虫は，分類学的には特異な生物である．単細胞生物であるためもともとは原生生物に分類されていたのであるが，近年の遺伝子配列解析技術の進展により実はクラゲやイソギンチャクなどの多細胞動物にもっとも近く，クラゲやイソギンチャクの仲間が進化の過程で再度単細胞化して成立した生き物であると現在は考えられている（小西，2012）．つまり単細胞生物と多細胞生物の境界に属している生き物であり，生物はどのように多細胞化したのか，そして粘液胞子虫類はなぜ多細胞での生活を捨てたのか，このあたりを考えるのに適したモデルとなるだろうと考えられている．粘液胞子虫類はもともと魚類の寄生虫として発見されたものが多く，養殖をはじめ水産業界で問題となっていた．食物中にいる寄生生物として日本で問題となっているのはおもにナナホシクドア（*Kudoa septempunctata*）であり，ヒラメに寄生している．ナナホシクドアの生活環の詳細は不明であり，他のクドア属に属する寄生虫からの類推でゴカイなどの環形動物とヒラメとの間を行き来しているのであろうと考えられている．ナナホシクドアはその名の通り，細胞の中に6〜7つの胞子をもっていることが特徴である（図2.3）．ナナホシクドアが大量に寄生したヒラメ（1g 当たり100万匹以上）をサシミなど生で食べると，数時間程度で下痢や嘔吐などの食中毒症状を引き起こす．ただしフェイヤー肉胞子虫と同様，ナナホシクドアもヒトを宿主としないので，クドアは速やかに体外に排出され多くの場合1日以内に回復する．予防法はやはり加熱または凍結であるが，ヒラメはサシミが好まれ，また凍結すると極端に味が落ちるため，今のところ出荷時や輸入時の検査によって対応している．

　フェイヤー肉胞子虫もナナホシクドアも最近になってヒトに対する病原性が見出された寄生生物であり，厚生労働省が食中毒の原因病原体であると正式に指定したのは2012年12月28日のことである（厚生労働省，2012）．また，これらの寄生生物が食中毒を引き起こすことは世界でも日本で初めて明らかにされた．最

図2.3　ナナホシクドア（左）とヒラメのサシミ（右）

2.1 食 物 中

後にこの経緯を簡単に紹介しておこう（厚生労働省，2011）．もともと，2000年くらい以降，西日本，とくに瀬戸内海沿岸で原因不明の嘔吐下痢症が多発していることが話題となっていた．これらの「食中毒を疑われる事例」は，既知の食中毒の原因となる細菌，ウイルス，毒素が検出されず，患者は原因として疑われる「生もの」を食べて数時間で発症し，1日以内に回復するという共通性があった．原因として疑われた「生もの」はヒラメをはじめとする魚介類と馬刺しがあげられていた．そこで，国立感染症研究所や国立医薬品食品衛生研究所をはじめとする研究チームは，原因として疑われたヒラメのサシミからDNAを抽出し，「次世代シークエンサー」と呼ばれる新技術を用いてこのサシミの中にどのような遺伝子が含まれているのかを徹底的に解析した．その結果として同定された遺伝子はもちろんヒラメのものがほとんどだったのであるが，中に見慣れない遺伝子が一部含まれていることがわかった．それがナナホシクドアの遺伝子の一部だったのだ．研究チームはこの情報を手がかりに，原因不明の「食中毒を疑われる事例」での原因食品と考えられる生ものや，または患者の下痢便の中からナナホシクドアの遺伝子あるいはナナホシクドアそのものを次々と検出し，さらに動物実験や培養細胞を用いた解析によりナナホシクドアの病原性が直接証明され，晴れてナナホシクドアは食中毒原因病原体として認知されたのである（厚生労働省，2011，2012）．現在ではフェイヤー肉胞子虫以外の肉胞子虫やナナホシクドア以外の粘液胞子虫にも解析の手が伸びてきており，実際にヒラメ以外を宿主とする粘液胞子虫類の病原性が明らかになりつつある．それではなぜ21世紀にもなって新しく食中毒原因微生物が見つかったのだろうか？　筆者はその理由として2つの仮説を考えている．1つは冷蔵，輸送技術の発達により凍結されていない新鮮な馬刺しやヒラメのサシミを口にする機会が増えたから，もう1つは世界のグローバル化の進展によって，食用馬やヒラメの海外からの輸入量が爆発的に増えたからである．おそらくこの両方ともが原因となったのだろうと筆者は考えるが，みなさんはどう考えるだろうか．ぜひ意見を聞かせてもらいたい．

〔永宗喜三郎〕

文　献

1) 青沼宏佳ら：トキソプラズマ，増殖の仕組み．日本医事新報，**4489**, 39-43, 2010.
2) G. アリサバラガ・B. サリバン：脳を操る寄生生物　トキソプラズマ．別冊日経サイエンス　微生物の驚異　マイクロバイオームから多剤耐性菌まで，pp.79-83,

日経サイエンス社, 2017.
3) 小西良子：クドア食中毒総論. 国立感染症研究所ホームページ,
https://www.niid.go.jp/niid/ja/allarticles/surveillance/2119-iasr/related-articles/related-articles-388/2240-dj3881.html
4) 厚生労働省：生食用生鮮食品による病因物質不明有症事例についての提言. 厚生労働省ホームページ,
http://www.mhlw.go.jp/stf/houdou/2r9852000001fz6e-att/2r9852000001fzl8.pdf
5) 厚生労働省：食品衛生法施行規則の一部改正について. 厚生労働省ホームページ,
http://www.mhlw.go.jp/topics/bukyoku/iyaku/syoku-anzen/gyousei/dl/121228_2.pdf
6) 永宗喜三郎：トキソプラズマ症とは. 国立感染症研究所ホームページ,
https://www.niid.go.jp/niid/ja/diseases/sa/chlamydia-std/392-encyclopedia/3009-toxoplasma-intro.html
7) トーチの会ホームページ：http://toxo-cmv.org/index.html
8) 八木田健司：ザルコシスティス総論. 国立感染症研究所ホームページ,
https://www.niid.go.jp/niid/ja/typhi-m/iasr-reference/2119-related-articles/related-articles-388/2248-dj3888.html

2.1.2 食物として利用される原生生物

　ここでは，クロレラ，ミドリムシ（ユーグレナ）など，人間が食物中に好んで取りいれている原生生物たちを紹介したい. 前項の「どちらかというといてほしくない」生物種に比べ，健康食品やサプリメントの広告などで耳にすることもあり，身近な生き物に感じられる読者もいることだろう. 健康食品は，夢の塊である. ひょっとしたら健康にいいかもしれない話題の食品に人々が飛びつくのは，そこに夢があるからだ.

　健康の定義は難しいが，「バランスのとれた食事，適度な運動，良質な睡眠」という教科書的なお題目を毎日実践するのは大変なので，それを一発解決してくれる魔法の食材があったらいいな，というのは多くの人が求めてやまない理想といってもいい. また，はっきりと「健康とは何か」を定義してしまったら，それを直視するのが辛いので，敢えてぼんやりとさせたまま「健康にいい」とか「ダイエットに効く」とかいう食材を探し求めるという健気な姿勢も，多くの人が共感できるところではないだろうか. ビタミンやミネラルといった栄養素は，基本的には普段の食事ですべて摂取できるが，タブレットや嗜好品に混ぜる粉末として簡便に利用できるというお手軽感と特別感を付加価値として与えることで，こうした生き物たちは日本あるいは世界経済にとって欠くべからざる重要なキープレーヤーとなる可能性を秘めている.

2.1 食　物　中

食品に用いられる光合成生物は，単独培養が可能な自由生活性であり，人類の健康に役立つ栄養素を豊富に含み，逆に有害な成分を多くは含まず，大量培養と安定供給が可能であるという特徴をもつ（渡邉，2012）．一方，こうした食品中の光合成生物たちを進化的な視点，すなわち"細胞内共生"（詳細は 3.5.2 項を参照）という視点からみると，非常に興味深い特徴をもつこともわかる．

a.　クロレラ

クロレラ（*Chlorella* sp.）は比較的古くから大量培養に成功していたことから，産業利用がもっとも進んだ微細藻類の１つといえる．球形の単細胞緑藻であり，鞭毛は観察されない．10 億年以上前，宿主真核生物がシアノバクテリアを取りこんで葉緑体を進化させた"一次共生"によって誕生した緑色植物の一種である．緑藻の仲間には，同じく健康食品や化粧品素材として用いられるアスタキサンチンを生産するヘマトコッカス（*Haematococcus pluvialis*）や，βカロテンを多く生産するドナリエラ（*Dunaliella* spp.）など，カロテノイド類を高蓄積する藻類が知られている．

b.　ミドリムシ

ミドリムシ（*Euglena gracilis*）はユーグレナ植物門（Euglenophyta）（ユーグレノゾア門（Euglenozoa））の藻類で，和名のミドリムシ，最近ではユーグレナという呼称でも知られている．2 本の鞭毛のうち片方だけが顕著に伸長し，まるで 1 本鞭毛の単細胞生物のようにみえる．細胞をねじりながら縦方向に伸び縮みさせる"すじりもじり運動"と呼ばれる特徴的な細胞運動を行うことでも知られる．詳細な系統関係はまだわかっていないが，ミドリムシの祖先である捕食性の原生生物が緑藻の一種を"二次共生"によって取りこみ，葉緑体として維持するようになったと考えられている．実際，ミドリムシの近縁種に葉緑体をもたない捕食性原生生物が知られており，眠り病の病原虫であるトリパノソーマ（2.3.1項）などとも比較的近縁であると考えられている．なお，一次共生・二次共生については 3.5 節を参照のこと．

つまり進化学的には，これらの原生生物たちは多様な系統群に属し，それぞれ異なる共生段階にある生き物なのである．食べられる藻類を人類が探し求めた結果，後世の研究者が細胞の進化を研究する上での重要な材料を提供することにつながったと言ってもいいだろう．とはいえ，研究者たちの科学的探究心と，健康を求める人々の飽くなき好奇心とが混ざり合った知の結晶ともいうべきこれらの光合成生物は，多様な微生物の世界のまだほんの一部に過ぎない．人類が健康を

求める限り，新たな"夢の原生生物"と遭遇できる日はそう遠くないのかもしれない．

〔丸山真一朗〕

文　　献

渡邉　信：藻類ハンドブック，エヌ・ティー・エス，2012．

 ## 2.2 住 宅 内

2.2.1 住宅内に潜み「ヒトに害をなす」原生生物

　現代の住宅というのは便利で清潔な場所だ．電気掃除機や電気冷蔵庫にエアコン，24時間保温できるバスユニットが使え，水洗トイレは当たり前．快適さの追求はまだまだ続くに違いない．さて，そのような自然環境から隔離された人工的な環境ともいうべき現代の住宅環境において，われわれと原生生物，中でもヒトに寄生性の原生動物とはどのような関係にあるのだろうか．普段はおよそ想像もしないことだと思うが，果たしてその距離は短いのか長いのか．そしてもしその距離が短い場合は（これは寄生されてしまうという心配につながる）どうすればよいのか考えてみる．なお，住宅という言葉の意味合いだが，ここでは家屋という個別の生活単位レベルから，それらが集合した都市レベルでの話になることもある．トータルでわれわれが生活をする場所という意味で話を進めたい．それではまず，"実はどこにでもいる"アカントアメーバ（*Acanthamoeba* spp.）という原生生物から始めよう．

a．アカントアメーバ

　アカントアメーバは自然環境中にふつうに存在し，細菌類を取りこんで栄養とする自由生活性の原生生物だ．大きさは10〜50 μm，顕微鏡でみると細胞周囲に棘状の突起をもっているのがわかる．この姿を栄養体（運動性，増殖性がある状態の細胞のこと）と呼び，それとまったく形が異なる金平糖のような姿の場合をシストと呼ぶ．栄養体は餌がなくなる，乾燥する，塩分が高くなる，あるいは薬剤など不都合な化学物質に暴露するなどストレスがかかるとシストに変わる．逆にいえば，このようなストレスに耐えるためにシスト化するわけだ．シストは実にしぶとく，とくに乾燥には強い．5年程度の乾燥なら生きているし，塩素などの消毒も効かなくなる．そして外界環境が都合のよい状況になると栄養体が眠り

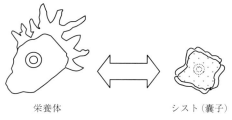

図 2.4　アカントアメーバの生活史

から覚めてシストの殻から出てくる．図 2.4 には今述べた栄養体とシストの関係を示す生活環を示したが，シストは自然環境の変化に対する見事な適応能力，また生存戦略の形といってよいであろう．

　さて，アカントアメーバは本来自由生活性であるのだが，たまたまヒトや動物の体内に入るとそこで生存し増殖し，さらには組織の破壊まで起こすなどの病原性を示すものもいる．宿主がいなければ生き残れない元来の寄生性原生生物とはちょっと違うが，ヒトへの健康影響は明らかだ．ちなみに自由生活性のアメーバに病原性があることがわかったのは，1957 年，当時発展し始めた細胞培養研究の実験中にフラスコをアカントアメーバが汚染して，その中の培養細胞を壊したことが発見されたときだ．そしてこの衝撃的事実から間もない 1958 年には，アカントアメーバが原因と考えられるヒトの脳炎症例の第 1 例がみつかった．病態からこの脳炎は肉芽腫性アメーバ性脳炎と呼ばれ，以来まれではあるが致死的な感染症として知られることとなった．

　ヒトの感染例が確認されたことで，その感染源，感染経路探しが始まる．住宅環境をいろいろと調べてわかったことは，アカントアメーバというのは随分とわれわれの身のまわりのすぐ近くに，また人間が便利さ快適さのためにつくり出した人工的な環境にも潜んでいるということだった．たとえば部屋に置かれている観葉植物の土はもちろんのこと，観賞魚の水槽，水道水，掃除機の中やエアコンのフィルター上に積もるハウスダスト，家庭の浴槽水，屋外に出ればビルの屋上にある冷却塔の水，また温泉や公衆浴場のお湯など，いずれもわれわれの豊かで快適な生活の一部分だ．

　このように住宅環境のどこにでもいそうなアカントアメーバである．空気，水を介してわれわれの体内に入ってくるだろう．よく考えれば，われわれは恐らく日常的に屋内外でアカントアメーバに暴露していると考えた方が自然だ．しかし

そうだとすると，先ほど述べた脳炎の発症例が世界的には極めてまれにしか起きていないのはどういうことか（これまで世界で200例ほど）．これにはいろいろと理由はありそうだが，そもそもヒト体内は環境が違いすぎて，侵入しても病気を起こすほどにはアメーバは増えない，あるいは免疫の働きで体内に入りこんだアカントアメーバが押さえこまれて病害性を発揮できない，といったことが妥当な理由ではないかと思われる．実際，アカントアメーバに対する抗体を多くのヒトはもっているという調査結果があり，また糖尿病や免疫抑制状態など，抵抗力の落ちた状態がアメーバ性脳炎のリスクの1つになることがわかっている．となれば勝手に入りこんでくる相手に負けない健康，体力づくりを考えることの方がまず大事であると思えてくる．

　アメーバ性脳炎の他にも，アカントアメーバはヒトに対し重大な健康被害をこれまでにもたらしている．話はちょっとさかのぼり，1980年代にコンタクトレンズの使用が重篤な眼の感染症を招くという大きな社会問題が起きた．驚いたのはその原因がアカントアメーバだったということだ．当時アカントアメーバは代表的な自由生活性の原生生物と認識されていたから，どうしてそのアメーバが角膜に……，と不思議に思う声は多かった．またこれまで一般的に知られてはいなかった眼の感染症に，“コンタクトレンズで眼が溶ける恐怖の……”などとセンセーショナルな報道が恐怖を煽った．理由は明らかだった．アカントアメーバがレンズに付着して，知らずにそのまま瞳の上に装着することでレンズが被る角膜上でアメーバが増殖し，潰瘍を形成してしまうのだ．感染の原因はレンズのアメーバ汚染にあったわけだが，その汚染がレンズ容器という小さな，いつも使っている水環境で起きていたとは予想外のことだった．レンズ容器が細菌類で汚染されやすいことは知られていたが，しかしそれが餌となって空気や水道水から入りこんだアメーバが増殖しレンズを汚す可能性までは気がつかなかったのだ．この問題では，当時普及していたレンズの消毒剤ではアカントアメーバの殺菌には不十分だったこと，また角膜が生態防御の弱い部分なため多くの健康なユーザーに被害が拡大したことなど，実際にはいくつものリスクが重なって生じたのであったが，それにしてもレンズの保存容器にアメーバが入るとは……，レンズの衛生管理に油断があったとはいいすぎであろうか．このアメーバ性角膜炎の問題は，便利で快適な生活がそれまではまれであったアメーバによる眼感染症のリスクを格段に上げてしまったという貴重な教訓を残した．この教訓は，その後レンズの管理法，使用法，またレンズ保存液の改良へとつながり，幸い現在は感染のリス

クは低減している．ただしその過程には失明や角膜移植など，大きな代償が払われた．このことを忘れてはならないだろう．

アカントアメーバについては他の生物との共生・寄生関係が知られているが，その関係がヒトの健康に影響する場合がある．その例もあげておこう．アメーバという生物はどれも大食漢で，アカントアメーバも細菌類や酵母などいろいろなものを取りこんで（これを貪食という）生きている．取りこんだものはそのまま消化される，あるいは吐き出されるのが通常だ．しかし，消化されず，また吐き出されもせず，生きた細菌がアメーバの中に見つかることがある．これを共生とするか寄生と考えるかは難しいところなのだが，レジオネラ属菌に関しては寄生と言えそうだ．レジオネラ属菌はレジオネラ肺炎の原因となる環境細菌で，アカントアメーバを宿主として増殖することが可能で，アメーバ内の菌はいっぱいに増殖して結果的には宿主アメーバを殺す．このようなアカントアメーバとレジオネラ属菌が共存する場所であれば，屋内，屋外どこでもそこはレジオネラ肺炎の感染源となる可能性がある．つまりアカントアメーバは間接的にレジオネラ肺炎に関わっているのだ．

国内では浴槽が汚染源になる場合が多く，大型のリゾートスパ施設での集団感染の例もある．家庭用を含め，浴槽という場所がレジオネラ属菌の汚染を免れえないのには理由がある．好適な温度が維持され，宿主となるアメーバ類も共存し，さらに今や標準的設備となった循環式ろ過装置がアメーバとレジオネラ属菌の温床となるからだ．毎日換水する場合は浴槽水のレジオネラ属菌の汚染は一般的に低い．しかし水とエネルギーの節約を考え，いつでもお湯に入れる便利さ快適さを手に入れようと循環式ろ過装置を使うと，レジオネラ属菌の大量増殖を招くのだ．なぜか？

ろ過装置をこまめに清掃，消毒しないと，細菌類がろ過装置内で定着・増殖してしまう．そしてバイオフィルムという「ぬめり」を形成してしまう．バイオフィルム内の微生物は消毒薬や殺菌剤に抵抗力をもつため，やがてレジオネラ属菌などの温床となってしまうのだ．ろ過装置とは見方を変えれば微生物の培養装置であり，レジオネラ属菌もそこで培養されうる．アメーバ性角膜炎の問題でもみたことだが，これもヒトが便利で快適な生活を求め続けた結果であり，まさか……の一例だ．このレジオネラ問題でも有効な対策がとられるまでには多くの犠牲者が出た．今もレジオネラ肺炎患者は減っていない．現在，循環式浴槽を利用する施設では，不評を承知の上，塩素を浴槽水に添加してレジオネラ感染症を防

いでいる．温泉までもが塩素のニオイがするのはそのためだ．便利＆快適と健康を両立させるのはなかなかに難しい．

　ところでレジオネラ属菌は当初その正体が判明せず，懸命な努力によって謎の肺炎の原因であることが突きとめられた．その経緯はまるで刑事ドラマのようで，その顛末は書籍となってベストセラーになった．後の研究によってレジオネラ属菌がアメーバ類を宿主とする寄生菌であることもわかったわけだが，穏やかな共生体が多い中にあって，レジオネラ属菌はいわば凶悪犯にたとえられるだろう．そしてレジオネラ肺炎という現場で犯人として現行犯逮捕された形だ．困難を極めたレジオネラ肺炎事件ではあったが，犯人逮捕により一応一件落着のはこびとはなった．しかし果たして悪玉はレジオネラ属菌だけであろうか？　他にも何か別の感染症では別の共生体が容疑者でいるのではないか？　など，捜査（調査研究）の方は新たな展開を迎えている．刑事ドラマの方はまだ続いているのである．

　アカントアメーバは自由生活性ながら住宅環境のどこにでもいて，さまざまな問題も引き起こす困った部分もあることがわかった．次に，今は生活スタイルを完全に寄生性に変えて生きている原生生物の場合をみてみよう．寄生性ならではの面白い点，あるいは困った点（そもそも寄生性は困ったことだが）があるのであろうか．次に，アカントアメーバと同様アメーボゾアに属する寄生性の赤痢アメーバ（*Entamoeba histolytica*）を例にみてみよう．

b.　赤痢アメーバ

　赤痢アメーバは 1865 年にレニングラード（現サンクトペテルブルク）の下痢症患者より発見され（種としては 1903 年に記載），以来自由生活性以外の，寄生するアメーバの存在というものが明らかとなった．赤痢アメーバ症はマラリアと並んで国際的にもメジャーな感染症の 1 つとなっていて，国内で報告数がもっとも多い寄生虫症である（およそ年間 1000 件）．

　赤痢アメーバの生活環はおもに大腸に寄生し，栄養体として細菌あるいは組織を食べながら増殖する．赤血球を食べることもある．強力なタンパク質分解酵素を出すので腸の組織が大きなダメージを受け，腹痛，下痢を引き起こす．重症例では血便がみられ，これが細菌性の赤痢と似た症状であるため赤痢アメーバという名前がついた．腸管で潰瘍が壊れると血流に乗って肝臓にアメーバが移行し，アメーバ性肝膿瘍と呼ばれる病態をつくる．これは中年男性に多い．自由生活性と違って寄生性の原生生物は生き残るためには宿主を渡り歩かなければならな

い．赤痢アメーバは栄養体のままでは糞便とともに排出されてしまうと生き残れない．そこで大腸内でシストに変わる．赤痢アメーバはそもそも酸素を嫌う（嫌気的）生物なので，シスト化は酸素ストレスに耐え，栄養体のまま生きていけない淡水の中でも生き残るために必要なことだ．外界にでたシストは経口的に次の宿主に感染するチャンスを待つ．

　ではアカントアメーバと同じように，赤痢アメーバはどこにでもいるのだろうか．赤痢アメーバ症の流行地では，上下水道が整備されず，井戸や水飲み場などの集落の生活用水が糞便汚染され感染が起きるというケースが多い．実際には飲料水，それから野菜などを洗う水の場合もある．先進国での例としては1933年，アメリカのシカゴで水道配管の欠陥（おそらく下水が混入した）により赤痢アメーバシストの水道水汚染が起こり，およそ1万4000人が感染した．このように小さなコミュニティから大都市まで，ヒトと赤痢アメーバをつないでいるのは水だ．環境中で赤痢アメーバが生き残れるのは水，あるいは水分の多い場所であって，ホコリの中，また土の中でも基本的には生き残ることができない．だから水の汚染に気をつければ赤痢アメーバ感染は防ぐことができる．ただしいる場所は限定的でも，極少量で感染発症するということを覚えておこう．糞便で汚れた（目にはみえない程度でも）手で蛇口を触ったことで感染する場合もある．これは糞便で感染する寄生性原生生物には共通した注意点だ．

c. ランブル鞭毛虫・クリプトスポリジウム

　現在水系感染の中で，赤痢アメーバにかわりその主役となっているのはランブル鞭毛虫（*Giardia intestinalis*）とクリプトスポリジウム（*Cryptosporidium hominis, C.parvum*）だ．ランブル鞭毛虫はエクスカバータに属し，ヒトを含む動物の腸管内に寄生する鞭毛虫であり，これまでに有性生殖は報告されていない．ミトコンドリアをもたない仲間の代表である．一方クリプトスポリジウムはトキソプラズマと同じアピコンプレックス門に属し，消化管の細胞内に感染して増殖する．ランブル鞭毛虫と違い有性生殖世代がある．生活環の詳細は省くが，ランブル鞭毛虫はほぼ赤痢アメーバと同様でシストを形成する．一方，クリプトスポリジウムはどんどん増殖する無性世代の中から有性世代（生殖母体）が現れ，それらが接合してオーシスト（シストのように殻に包まれている）を形成する．シストとオーシストは耐久性があり，糞便とともに環境中へ出た後，また経口的に取りこまれて感染する．ランブル鞭毛虫もクリプトスポリジウムも激しい下痢や腹痛を引き起こし患者はつらい目にあうが，それで死ぬことはまずなく，

症状は自然に治まる．そういう意味ではヒトとは穏やかな関係にあると言えるのだが，下痢は治ってもシストやオーシストの糞便中への排出がしばらく続くというところに実は大きな問題がある．

水系を汚染するのはこれらランブル鞭毛虫のシストとクリプトスポリジウムのオーシストだが，これらが消毒に強い．とくにクリプトスポリジウムのオーシストの塩素耐性はずば抜けて高く，通常の水道水の塩素濃度では到底殺せない．最近問題となっているのはアメリカなどで起きているプールやその他のリクリエーション用の水を介した集団感染の発生で，塩素がかなり入っているプールで感染が起きてしまうので非常に対策がとりづらい．アメリカのプールの衛生調査によると，僅かに肛門に付着する便，あるいはお漏らし事故で便がプール水にもち込まれることで集団感染が引き起こされるという．アメリカではとくに子供たちのプール（家庭用も含めて）や公園の水浴び場などの水が感染源になっており，集団感染がなかなか減らない傾向にある．オムツをしたままでプールに入れてしまうなど，衛生管理に対する考えが甘いことも感染コントロールを難しくしている一因とされている．日本でも小学校のプールを介した集団感染は過去に起きており，リスクがないわけではない．下痢は治ってもしばらくはプールを使わないのが鉄則だ．

一般的な話として，河川からはランブル鞭毛虫，クリプトスポリジウムが日本を含め多くの国で検出されている．これは家畜やヒトが排出した糞便中のシストやオーシストが下水に，あるいは直接河川に流れこみ，結果的に河川水を汚染しているためであるが，蛇口から出る水で簡単には感染しない．これは，浄水場で徹底的にろ過処理をし，ほとんど水道水には混入する可能性がない管理を維持しているからだ．しかし逆に浄水場のろ過処理に不具合が生じた場合は，その被害は甚大なものになる．家庭用水道から出る水でクリプトスポリジウムによる集団感染が起きた例は 1993 年のアメリカ，ミルウォーキーでの事例が最大だが，その被害は推定 160 万人が暴露（汚染した水を飲んだ），40 万人が感染というものであった．国内では 1996 年の埼玉県越生町の住民約 8800 人が感染した事例がある．ランブル鞭毛虫による集団感染は 2004 年のノルウェーにおける感染者約 400 人の事例の他，欧米諸国で発生がみられる．クリプトスポリジウムよりも塩素耐性が低いので，塩素処理に問題があった場合に起きる傾向にある．クリプトスポリジウムとランブル鞭毛虫は，水という生活必需品に忍びこむ強敵で油断のならない相手なのだ．

2.2 住 宅 内

　人間どうしの接触による感染，いわゆるヒト-ヒト感染は，住宅など居住空間のどこかにいる病原体に感染するというパターンにはあてはまらないけれども，実際には生活の中で頻繁に生じうる可能性がある．とくに糞便汚染で感染が広がる寄生性原生生物では，水と並んで接触感染の重要性が高い．

　ランブル鞭毛虫やクリプトスポリジウムは衛生環境が悪い地域（流行地）の子供の下痢症の主たる原因となっている．これはもっぱら水や食品の汚染が感染の原因だ．ところが意外にも衛生状態がよい欧米でこれらが子供の下痢症の原因となっている．たとえば欧米では一般家庭や子供のデイケアセンターなど保育施設で集団感染が起きているのだが，その理由は何だろう？　注目すべきは子育て世代の関与なのだ．乳幼児はオムツや下着の交換の世話が必要だが，気をつけていても世話をする大人の手は子供の便で汚染し，また汚染を知らずにその手でまた別の子を世話する．子供が，あるいは世話する大人が感染していれば，このサイクルに病原体が入りこみ感染が広がっていく．子供から大人，そしてまた子供へ，この感染経路が広く日常の生活の中にでき上がってしまっているという実態がある．

　集団感染であってもそもそもの感染はプール遊びや海外旅行だったりするのであろう．その感染者個人で感染が止まれば，つまり感染に気づいて治療する，まわりを汚染しないように気をつけるなどすればその後の拡大はない．そう考えると，接触感染というのは気づかずに他者へと伝播してしまうことに問題があることがわかる．ケアセンターなど施設内で起きる感染を施設内感染と呼ぶが，シストやオーシストは下痢が治まってもしばらく糞便の中に出続けるので，施設管理者，その他関係者はこのことを念頭に，手袋使用や入念な手洗いなどで施設内感染の拡大防止に努める必要がある．しかし実際には施設内感染数がなかなか減らないことをみると，このような対策を徹底することが結構難しいこともわかる．下痢が治まってもう大丈夫，また便がついたとしても目にみえないくらい少ないから大丈夫，という安心感がそこにはあるのだろう．ランブル鞭毛虫とクリプトスポリジウムにとってはそこが思うツボだ．われわれの生活に入りこみ居座るチャンスを狙っていると考えよう．

　接触感染で生じるさらに重要な問題がある．世界的にも拡大しつつある性感染症の問題だ．寄生性原生生物として性感染症を引き起こすものはいくつかあるが，中でも大きい問題が赤痢アメーバ感染となっている．AIDS（HIV ウイルスの感染）やクラミジア感染症などは国内でも身近な性感染症だ．前述の通り，赤

痢アメーバは上下水道の整備が不十分な発展途上国で多い病気であった．日本でもかつては多くの人が飲料水のアメーバ汚染を原因として感染していたが，現在ではこの古典的な感染経路はほぼ遮断に成功した．しかし成功の喜びもつかの間，赤痢アメーバもあらたな感染経路を得て再び人間社会に戻ってきたという感がある．あるいは生き残りを賭けて挑戦してきたというべきかもしれない．世界的にみてハイリスクな状況にあるのが男性同性愛者のグループなのだが，その中でAIDSが拡大するのに伴い赤痢アメーバ感染が広まってきた経緯がある．国内でも男性同性愛者の症例が多い傾向が続いている．これに加えて最近は異性間接触による感染例の増加が目立つ．具体的には，いわゆる性産業従事者と一般家庭における感染の拡大傾向，この2点である．少しずつ赤痢アメーバの感染リスクが普通に生活している人たちの間でも高くなり始めていると考える必要がある．古典的な感染経路，つまり汚染した水や食物を介した感染の様式とは違って性感染症では感染経路を遮断することが容易ではない．検査や病院へいくこともなかなか積極的にはなれないという部分もあり，感染者を治療し減らすという医療の面での難しさもある．感染しても発症しない不顕性感染者がとても多いことも問題の1つだ．しかし感染の拡大を阻止するのは今のうちだ．密かに社会に侵食していく，これが性感染症の怖さだ．梅毒やAIDSだけでなく赤痢アメーバ症に対しても性感染症としての新たな認識を広める必要がある．〔八木田健司〕

 Column 3 **女性必読！　トキソプラズマ感染と妊娠へのリスク**

　健常な成人がトキソプラズマに感染した場合，ほとんどが無症状あるいは風邪に似た軽微な症状が出る程度であまり問題にはならない．しかし女性が妊娠中に初めて感染すると，胎児も感染することがあり流産や水頭症など先天性障害を引き起こす可能性がある．妊娠前のブライダルチェックや，妊娠後の健診などでトキソプラ

トーチの会

国立感染症研究所

ズマ感染の有無を必ずチェックすることが重要である．もしも自分がトキソプラズマに感染していないことがわかれば，肉の調理方法やガーデニング，飼いネコの世話などに気をつけることで，妊娠期間に初感染してしまうリスクをほぼゼロにまで低減させることができる．

　詳しくはトーチの会ホームページ（http://toxo-cmv.org/）または国立感染症研究所ホームページ「妊婦さんおよび妊娠を希望されている方へ」（http://www.nih.go.jp/niid/ja/diseases/ta/toxoplasma/2211-para/3010-toxo-pregnant.html）を参照すること．
〔永宗喜三郎〕

2.2.2　住宅内にいる人畜無害な原生生物

　掃除が行き届いていないお風呂場のサッシ，水換えを怠った花瓶，部屋の隅に溜まったホコリ，そして水まわりのぬめりの中などにはたくさんの原生生物が生きている．元気に泳ぎ回って生きているものもあれば，シストとしてじっと眠った細胞のような状態で耐え忍んでいるものもいる．図2.5（a）は，1週間花を生けていた花瓶の中の水を顕微鏡で観察した様子である．また図2.5（b）は，部屋の隅に溜まったホコリを1週間培養したものである．花瓶の水には光合成性の原生生物が，ホコリには繊毛虫や狭義のアメーバがおもに観察される．生息している原生生物の種類は環境や時期などによっても異なるが，住宅の中には多様な原生生物が数多く生活しているのである．
〔矢吹彬憲〕

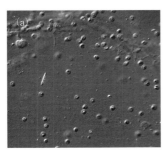 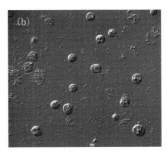

図2.5　(a) 1週間水換えを怠った花瓶の水，(b) 部屋の隅に溜まったホコリを1週間培養したもの．ともに60倍の対物レンズで観察．

2.3 動物の中

2.3.1 動物とヒトに感染・寄生する原生生物

　動物に寄生する原生生物として，多くのものが知られている．ここでは，アイメリア，クリプトスポリジウム，ランブル鞭毛虫，マラリア，ピロプラズマ（バベシア，タイレリアなど），リーシュマニア，トリパノソーマを取りあげ，簡潔に紹介する．表 2.1 には，それぞれの代表的な種をあげ，学名や寄生部位，宿主動物，原虫感染症の病名を示した．あわせて参考にされたい．

　宿主動物の選択性は原生生物によって大きく異なる．宿主が特定の動物種に限られるもの，哺乳動物全般など広い範囲をとるもの，宿主が生活史の過程で変わるものなど，多様である．まずアイメリアから始めよう．アイメリアは，家畜や家禽，ペットに下痢を引き起こす．これをコクシジウム症と呼ぶ．アイメリアは種によって寄生できる動物が決まっており，ウシにはウシのアイメリア，ニワトリにはニワトリのアイメリアが寄生する．なおヒトへ感染するものは見つかっていない．アイメリアは，宿主体外では厚い殻に覆われたオーシストとして休眠している．動物が餌とともにオーシストを食べると，消化管内でオーシストから感染能をもつ細胞であるスポロゾイトが飛び出し，それぞれのアイメリア種にとって好適な腸管細胞に寄生する．腸管細胞内でアイメリアは無性的に増殖し，やがて細胞を破壊して飛び出し，近くの腸管細胞にふたたび寄生する．このサイクルが数回ほど繰り返された後，アイメリアは有性生殖へ進み，新たな世代のオーシストが形成される．形成されたばかりのオーシストは感染能をもたず，すべて糞便とともに体外へ排出され，環境下で成熟して次の感染の機会を待つ．腸管内での再感染を起こさないことがアイメリアの重要な特徴である．

　クリプトスポリジウムとランブル鞭毛虫も消化管に寄生する原生生物だが，さまざまな動物に寄生できるものが含まれる点が特徴である．

　マラリア，ピロプラズマ，リーシュマニアやトリパノソーマは，生活史のなかで動物と昆虫を行き来する原生生物だ．宿主動物は種ごとに異なるが，ヒトや特定の動物だけに寄生するもの，ヒトと動物の双方に寄生するものがある．もう 1 つの宿主である昆虫は，いずれも吸血性（マラリアは蚊，ピロプラズマはマダニ，リーシュマニアはサシチョウバエ，トリパノソーマはサシガメやツェツェバエが宿主）であり，原生生物が動物から動物へ伝播するときの乗り物（ベクタ

2.3 動物の中

表 2.1 動物やヒトに寄生するおもなアメーバの例

	動物のみに寄生する種	動物とヒトに寄生する種	ヒトのみに寄生する種
アイメリア	*Eimeria bovis* ウシ腸管 コクシジウム症 *E. tenella* ニワトリ腸管 コクシジウム症	—	—
クリプトスポリジウム	*Cryptosporidium muris* 齧歯類の胃	*Cryptosporidium parvum* † さまざまな哺乳動物の腸管 クリプトスポリジウム症	*Cryptosporidium hominis* † 腸管 クリプトスポリジウム症
ランブル鞭毛虫	*Giardia intestinalis* Assemblage D イヌ腸管	*Giardia intestinalis* Assemblage A † さまざまな哺乳動物の腸管 ジアルジア症	
マラリア	*Plasmodium berghei* マウス肝細胞・赤血球	—	*Plasmodium falciparum* † 肝細胞・赤血球 熱帯熱マラリア
ピロプラズマ	*Babesia bovis*** ウシ赤血球 アルゼンチナ病 *Theileria parva*** ウシ赤血球・リンパ球 東沿岸熱	—	
リーシュマニア	—	*Leishmania major* ヒト，イヌ，齧歯類のマクロ 　ファージ 皮膚リーシュマニア症	—
トリパノソーマ	*Trypanosoma evansi* * ウマ，ラクダ，ウシ，イヌ 　などの血中 ズルラ	*Trypanosoma cruzi* * おもにさまざまな哺乳動物の筋 　細胞 シャーガス病	—

それぞれ学名，寄生部位と動物の宿主，病名を記した．
—：広く知られる感染種が存在しないもの．日和見感染などは例外とし，記載していない．
**：家畜伝染病予防法で家畜伝染病と定められている疾病の病原体．
* ：家畜伝染病予防法で届出伝染病と定められている疾病の病原体．
†：ヒトで見つかった場合，感染症の予防及び感染症の患者に対する医療に関する法律（感染症法）で届出が義務づけられている疾病の病原体．

一）として，役割を果たしている．マラリアやリーシュマニア，トリパノソーマは，ヒトの感染症の原因である．一方，ピロプラズマは，家畜において重要である．ウシやウマのピロプラズマ病は，日本の家畜伝染病予防法で定められた家畜伝染病（法定伝染病）に含まれている．

　動物に寄生する原生生物は人間の生活と深く関わる．たとえばアイメリアの寄

生による宿主家畜の発育不良，ピロプラズマ感染による流産など，原生生物の寄生が時に経済的損失をもたらす．また，人獣共通感染症（ヒトと動物の双方へ寄生する病原体による感染症．ここではクリプトスポリジウム症，ジアルジア症，リーシュマニア症，およびトリパノソーマによるシャーガス病や眠り病が該当）の原因となる原生生物が，家畜から排出されることもある．そのため畜産学や公衆衛生学，獣医学の分野では，動物に寄生する原生生物の調査や制御法の開発は，昔から重要な研究課題となっている．

最後に動物と寄生性原生生物の進化について，アイメリアを例にあげて考察したい．アイメリアの進化系統を遺伝子情報から推定すると，宿主動物ごとに複数の種が単系統群をつくる．より高次の系統関係においても，反芻動物や齧歯類，鳥類など，動物ごとにクラスターが形成される．これらのことから，動物が出現した早い時期からアイメリアも存在しており，宿主動物と相互の関係性を保ちつつ共進化してきたと考えられる．この先，動物に寄生する原生生物の研究から，宿主動物の進化に関わる発見が得られるかもしれない．〔福田康弘・中井　裕〕

Column 4　マラリアワクチン

熱帯・亜熱帯地域を中心に流行するマラリアは，世界三大感染症の１つであり，薬剤耐性株の出現や流行地域拡大の懸念などから，効果の高いワクチン開発に期待が寄せられている．このマラリアに対するワクチン開発は，困難を極める．他の病原体（細菌・ウイルス）では割とできているのに，マラリアではなぜ難しいのか？　マラリアの病原体は，マラリア原虫（真核生物）であり，さまざまに形を変え単細胞のクセに"生殖"まで行い，多種多様な適応変化をみせる．とくに，マラリア原虫は獲得した寄生戦略（多重族遺伝子群や遺伝子多型などの発達）により，防御免疫の標的となる抗原部位を多様に変化させることから，ワクチン開発は困難を強いられる．つまり抗原部位が変化してしまうため，ワクチン効果の持続性が低くなるのだ．そのため次世代のマラリアワクチンは，抗原多型性が低いことが１つのキーワードとされ，世界的にもさまざまな研究開発が行われており，国内の大学においても"日本発のマラリアワクチン"への期待が高まっている．世界的に先行するワクチン，RTS, S/AS01は，今後，苦戦が強いられるのは目にみえている．本当の意味での流行地を救うワクチンはできるのか？　研究開発者の苦悩は続く……．

〔案浦　健〕

2.3.2 ルーメン繊毛虫

草食性哺乳類の中には，消化管内に原生生物を共生させているものがある．草食哺乳動物自身は，植物中のセルロースを分解して栄養源として利用するための酵素をもたないために，食物を長時間消化管の中に滞留させ，分解率の向上を図らなければならない．そのために，セルロースを分解できる嫌気性微生物との共生関係を発達させた．

そして，この共生関係を成立させるために，消化管の一部を解剖学的に著しく進化させた．そういった草食性哺乳類は，その部位によって，胃の前方にある食道が膨化した前胃発酵動物と盲腸・結腸が膨化した後腸発酵動物とに分けられる．

前胃発酵動物の例としては，反芻動物（ウシ，アンテロープなど），ラクダ，カバ，有袋類があげられ，後腸発酵動物としては，ウマ，バク，サイ，ゾウ，カピバラ，類人猿（ゴリラなど）があげられる（図2.6）．消化管内に共生する原生動物は鞭毛虫（広義でいわゆる鞭毛をもつ原生生物）と繊毛虫であるが，通常見出されるもののほとんどが繊毛虫に属する．

ここでは，前胃発酵動物である反芻動物の前胃（ルーメン）に生息する代表的なルーメン繊毛虫について述べたい（今井，1995）．

新第三紀の約1000万年前の地球では，大陸内陸部が乾燥したため森林が後退して草原になったと考えられている．このイネ科植物を中心とした大草原の中で，反芻動物などの偶蹄類の多様化とウマの大型化が起きたとされている．反芻動物は現生でも種数が多く，種多様性を今なお維持し続けているが，一方，現生では多様性が低下しているゾウ，サイやウマなどの後腸発酵動物と比較して，ルーメン発酵は宿主である反芻動物にとって有利，かつ，ルーメン内繊毛虫にとっ

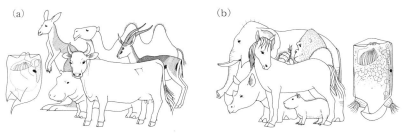

図2.6 草食性哺乳類と消化管内繊毛虫（伊藤原図）．(a) 前胃発酵動物（ウシ，アンテロープ，ラクダ，カバ，カンガルー）とウシにみられるエントディニオモルファ目エントディニオモルファ亜目の *Entodinium caudatum*．(b) 後腸発酵動物（ウマ，カピバラ，サイ，ゾウ，ゴリラ）とウマにみられるエントディニオモルファ目エントディニオモルファ亜目の *Cycloposthium bipalmatum*．

ても好適な環境であり，双方が共進化を遂げたのではないかと推測されている．

反芻動物は，胃の前方にルーメンが形成されたことにより，後方の消化管で微生物を消化利用したり，大量の唾液の嚥下などによって微生物環境を安定させたりするなど，さまざまな利点を獲得した．ルーメン繊毛虫は反芻物の混ざった唾液やそれらの付着した食餌によって伝播される．食糞によって伝播する後腸発酵動物に比較して，親子間・異種の宿主動物間の感染が容易になったことも利点の1つと考えられる．大多数のルーメン繊毛虫が異種の反芻動物間で感染できること，野生の反芻動物の繊毛虫構成は単純で反芻家畜では豊富な種類がみられることなども，反芻動物の繊毛虫の有利な感染様式によるところが大きい．

ルーメン内繊毛虫や，その他の消化管内に生息している原生生物が，宿主の消化管内を生息環境として選んだ背景には，過酷な自由生活よりも，宿主動物が提供する安定した生息環境と，定期的に流入してくる食物の提供があると考えられている．消化管はほぼ酸素のない嫌気的環境であり，このような環境に適応したルーメン繊毛虫は酸素呼吸を必要とせずに，生存のために必要なエネルギーをつくり出すことができる．

このように，反芻動物は，ルーメン内に生息する微生物群との長い進化の過程の中で，お互いに有利な共生生活を営んできた．この微生物群は原生生物だけではなく，細菌，真菌，ウイルスなどが含まれる．ルーメン内の原生生物の密度は内容物1 mlあたり10万個体～100万個体と非常に高い．

原生生物は体が大きく，特徴ある形態をもっており，自由生活することはなく反芻動物のルーメンのみに生息しているため，古くから研究者の目を惹き，さまざまな研究が行われてきた．その多くの割合を占める繊毛虫類は比較的狭い分類群にまとまっており，宿主との共進化モデルとしても興味深い．

これまでに各種の反芻動物から約300種の繊毛虫が報告されているが，これらルーメン繊毛虫はリトストマ綱（Litostomatea）・毛口亜綱（Trichostomatia）に属するエントディニオモルファ目（Entodiniomorphida）および前庭目（Vestibuliferida）の2目に限定されている（図2.7）．エントディニオモルファ目は前庭目に比較して，形態的に分化が進んでおり，3つの亜目，すなわち，エントディニオモルファ亜目（Entodiniomorphina），ブレファロコリス亜目（Blepharocorythina），原始口亜目（Archistomatina）に分けられる（Lynn,2008；Ogimoto and Imai, 1981）．

例として，エントディニオモルファ亜目に属するルーメン繊毛虫をみてみよ

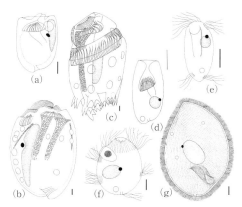

図 2.7 ルーメン繊毛虫（伊藤原図）．エントディニオモルファ目エントディニオモルファ亜目オフリオスコレックス科：(a) *Entodinium simplex*，(b) *Polyplastron multivesiculatum*，(c) *Ophryoscolex purkynjei*，パレントディニウム科：(d) *Parentodinium africanum*．エブレファロコリス亜目：(e) *Charonina ventriculi*．原始口亜目：(f) *Hsiungella triciliata*．前庭目：(g) *Isotricha intestinalis*．バーは 10 µm．

う．本亜目に所属するものは，扁平な卵円形または円柱状の流線型の虫体をもち，虫体前端に口部繊毛域をもつ．背側に体部繊毛域をもつもの（図 2.7 (b)，(c))，骨板（図 2.7 (b)，(c)）や後端に棘をもつもの（図 2.7 (c)）もみられる．口部および体部繊毛域は虫体内に引きこむことができる．繊毛収納のできる流線型の虫体は，ルーメン内のエントディニオモルファ亜目の繊毛虫の特徴であり，後腸発酵動物のエントディニオモルファ亜目の繊毛虫にはみられないので，ルーメンという生態系によく適応した形態なのかもしれない．

この亜目には 2 つの科，オフリオスコレックス科（Ophryoscolecidae）とパレントディニウム科（Parentodiniidae）がある．オフリオスコレックス科の繊毛虫は種数および密度ともに圧倒的に優勢であり，13 属 243 種が報告されている．

パレントディニウムは，パレントディニウム科の繊毛虫であり，ウシのルーメン内にも 1 種 *Parentodinium africanum* がみられる（図 2.7(d)）．骨板をもたず，口部繊毛域の繊毛列は独特の形態を示す．現在のところ暫定的に，カバの前胃にみられる *Parentodinium africanum* と同種とされている．

〔伊藤　章・島野智之〕

文　献

1) 今井壮一：形態と分布から見たルーメン内繊毛虫の系統分類．原生動物学雑誌，**28**，1-9．1995．
2) Lynn, D. H. : *The Ciliated Protozoa. Characterization, Classification, and Guide to the Literature 3rd ed.* , Springer, 2008.
3) Ogimoto, K. and Imai, S. : *Atlas of Rumen Microbiology*, Japan Scientific Society Press, 1981.

 ## 2.4　昆虫・ダニの中

2.4.1　昆虫・ダニとヒトに感染・寄生する原生生物

　昆虫やダニは，ウイルス，リケッチア，細菌，寄生虫などさまざまな病原体を媒介する．彼らは吸血時に病原体を体内に取りこみ，分化・増殖させる．そして哺乳類宿主などを刺咬したときに病原体をその中に注入して感染を成立させるのだ．昆虫やダニの中にいる寄生性の原生生物にはマラリア原虫，バベシア，リーシュマニア，トリパノソーマなどがある．

a.　マラリア原虫

　マラリア原虫（*Plasmodium* 属）は，アピコンプレックス門住血胞子虫目（Haemosporida）プラスモジウム科（Plasmodiidae）に属する原生生物だ．これまでに，哺乳類，鳥類，爬虫類などに感染するマラリア原虫が100種以上確認されている．ヒトに特異的に感染するマラリア原虫は，熱帯熱マラリア原虫（*Plasmodium falciparum*），三日熱マラリア原虫（*P. vivax*），四日熱マラリア原虫（*P. malariae*），卵形マラリア原虫（*P. ovale*）の4種類だが，この他に，サル寄生性のマラリア原虫（*P. knowlesi*）のヒトへの集団感染例が2004年に報告され，5種類目のヒト寄生マラリア原虫として注目を集めている．

　マラリア原虫の生活環は複雑である（図2.8）．マラリア原虫のベクター（病原体媒介節足動物）であるハマダラカ（*Anopheles* 属）がヒトを吸血する際に，ハマダラカの唾液腺に潜んでいるマラリア原虫のスポロゾイトがヒト体内に侵入し，感染する．その後，スポロゾイトは肝細胞に侵入して形態を変化させ，増殖して数千～数万個のメロゾイトとなる（赤外期）．増殖したメロゾイトは肝細胞を破壊して血流中に放出され，赤血球に感染して，輪状体，アメーバ体，分裂体へと形態を変化させながら発育・増殖する．分裂体が破裂すると，約10～30個のメロゾイトが血流中に放出され，メロゾイトは新たな赤血球に感染して増殖す

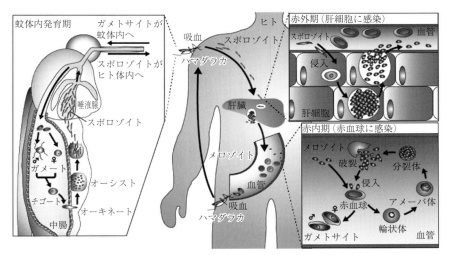

図 2.8 マラリア原虫の生活環
原生動物学雑誌,第 50 巻,2017 より許可を得て転載.

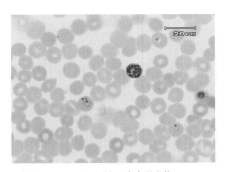

図 2.9 マラリア原虫の赤内型虫体
培養により増殖させた熱帯熱マラリア原虫の赤内型のギムザ染色標本.輪状体が 2 個感染している赤血球や,分裂体,アメーバ体などが観察される.

る(赤内期)(図 2.9).この赤血球感染サイクルが繰り返されることによって,ヒトは発熱,貧血,脾腫を三大主徴としたマラリアを発症するのだ.つまりマラリア原虫は,ヒト体内では無性生殖により増殖する.一方,赤血球内のマラリア原虫の一部は雌雄の生殖母体(ガメトサイト)に分化する(図 2.8).ハマダラカがこのガメトサイトを含む血液を吸血すると,雌雄のガメトサイトはハマダラカの中腸で雌雄の生殖体(ガメート)となり,これらが受精して接合体(チゴート)となる.つまり蚊の体内ではマラリア原虫は有性生殖を行っている.チゴー

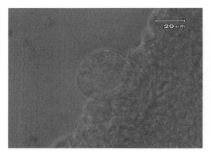 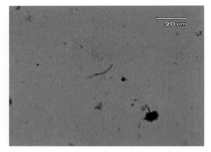

図 2.10 マラリア原虫のオーシスト（左）とスポロゾイト（右）
（左）蚊の中腸から採取したオーシストの圧平標本．内部に多数のスポロゾイトが形成されている．
（右）蚊の唾液腺から採取したスポロゾイトのギムザ染色標本

トは運動性のあるオーキネートとなって，中腸内部から中腸壁に侵入・通過して蚊の体腔側へ移動し，中腸基底膜でオーシストを形成するのだが，実は，数百個いるオーキネートの中で，蚊の免疫系からの攻撃を免れたほんの少数だけがオーシストの形態に変化できるのだ．オーシストの発育過程に入ると，原虫周囲には厚いカプセルが形成され，防護壁として作用して蚊からの免疫攻撃に抵抗できるようになる．一方，正常なオーシスト内部では，分裂が繰り返されて数千のスポロゾイトが形成される（図 2.10 左）．この後，オーシストが破裂すると，体腔中に放出されたスポロゾイトは唾液腺に移行して感染性を獲得する（図 2.10 右）．この唾液腺内の成熟スポロゾイトが，ハマダラカの吸血の際にヒトに侵入して感染するのである．

蚊が媒介する疾病（嘉糠，2016）による死者は世界中で年間 72.5 万人に及び，現在，蚊は 2 位の人間（47.5 万人）を抑えて「地球上でもっとも多数のヒトを殺戮する生物」である．蚊媒介性疾患の中でもマラリアによる死亡者は年間 40 万人超（2015 年）とダントツだ．WHO は，2030 年までにマラリアによる犠牲者を 2015 年比 90% 減の目標を定めたが，マラリア原虫は免疫回避や薬剤耐性などさまざまな戦略をもって対抗してくる．マラリア撲滅の日はいつ来るのだろうか．

b. バベシア

マダニが媒介する原生生物でアピコンプレックス門ピロプラズマ目（Piroplasmida）バベシア科（Babesiidae）に属するのが，バベシア（*Babesia* 属）である．バベシア原虫の種は 100 種以上あり日本にも分布する．ウシ，ウ

図 2.11 ヒトの皮膚に咬着するマダニ
シュルツェマダニ Ixodes persulcatus の雌成虫．口器は完全に皮膚内に刺入されている．採取時に各脚末端は切断されている．杏林大学症例．（写真撮影：森田達志）

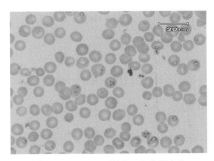

図 2.12 バベシア原虫の赤内型虫体
Babesia microti を感染させたマウスの血液のギムザ染色標本．赤血球内に赤内型虫体（ピロプラズム）がみられる．分裂・増殖して4つになったものもある（中央）．

マ，イヌなどの家畜や伴侶動物の他，多くの野生動物に感染するが，ヒトに対して特異的に感染する種はない．しかし，ネズミやウシなどに感染するバベシア原虫がヒトにも感染して人獣共通感染症を起こすことがあり，これまでに欧米を中心に，ネズミ寄生種の Babesia microti やウシ寄生種の B. divergens などがダニからヒトへ感染した症例が報告されている．日本においても 1999 年に初めて B. microti の感染者が報告された．この症例は輸血による感染だったが，その後の疫学調査によって，国内の野ネズミに B. microti が広く感染していることが明らかになってきた（Saito-Ito et al., 2007）．これらの地域に生息するマダニが B. microti を保有する率は高いと考えられるので，マダニの生息地に行く場合は刺咬されないような対策を講じておく必要がある．

　マダニの吸血様式は蚊とは異なる．蚊は，ヒトの皮下の血管内に口器を直接挿

入して血液を採取する（これを vessel feeder という）．これに対してマダニは皮下組織を破壊してその下の真皮に一種の「血だまり」をつくり，ここから血液を採取する（これを pool feeder という）．産卵を控えた雌の成ダニは1週間も宿主に固着して吸血し（図 2.11），吸血後の体重は吸血前の約 200 倍にもなる（辻・藤崎，2011）．マダニの吸血によってバベシア原虫のスポロゾイトがヒトなどの哺乳類体内に侵入すると，赤血球に感染する．赤血球に感染した原虫は赤内型虫体（ピロプラズム）となって増殖し（図 2.12），赤血球を破壊して新たな赤血球に侵入して増殖する（無性生殖）．バベシア症は，マラリア同様，赤内型原虫の増殖に伴って発症し，貧血，黄疸，血色素尿症などを主徴とする．

　非感染の雌成ダニが感染動物を吸血して，ピロプラズムがマダニに侵入すると，まずマダニの中腸内腔で形態を次々と変えて有性生殖で増殖する．そして，増殖したバベシア原虫の多くは雌成ダニの卵巣から卵に侵入する．卵が孵化すれば，バベシア原虫は次世代の幼ダニによって媒介されることになる（介卵伝播・transovarial transmission）．1匹の雌成ダニは約 3000 個の卵を産むので，介卵伝播によってバベシア原虫を運ぶベクターが約 3000 倍になるというわけだ（辻・藤崎，2011）．バベシア原虫の伝播戦略，恐るべし！

c．リーシュマニア

　リーシュマニア（*Leishmania* 属）はユーグレノゾア門トリパノソーマ目（Trypanosomatida）トリパノソーマ科（Trypanosomatidae）に属する原生生物だ．ヒトに病気を引き起こすリーシュマニア原虫は約 20 種あり，熱帯・亜熱帯を中心に世界各国に分布している．ヒトに感染すると，ドノバンリーシュマニア（*Leishmania donovani*）とその仲間たちは，肝臓や脾臓が腫大する内臓リーシュマニア症を起こす．また，ブラジルリーシュマニア（*L. braziliensis*）などは，

図 2.13　サシチョウバエ
吸血中のサシチョウバエ（写真提供：其田益世）

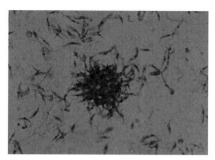

図 2.14 リーシュマニア原虫の前鞭毛型虫体
培養によって増殖させた虫体のギムザ染色標本．虫体の鞭毛が確認できる．（写真提供：三浦左千夫）

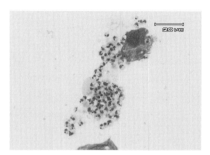

図 2.15 ドノバンリーシュマニアの無鞭毛型虫体
組織球の中に無数に増殖した虫体がみられる．ギムザ染色標本．

粘膜と皮膚に潰瘍病変が起こる粘膜・皮膚リーシュマニア症を，熱帯リーシュマニア（*L. tropica*）などは皮膚にだけ潰瘍病変が起こる皮膚リーシュマニア症を引き起こす．

　これらの病気を媒介するベクターが，サシチョウバエだ．サシチョウバエ（*Phlebotomus* 属や *Lutozomyia* 属）は体長が 2〜3 mm のとても小さい昆虫で，体は毛で覆われ，吸血時や休息時に翅が V 字状になるのが特徴だ（図 2.13）．リーシュマニア原虫は，サシチョウバエ体内では鞭毛をもっていて運動性がある前鞭毛型（図 2.14）の形態をしている．これが哺乳類に感染するとマクロファージ（貪食細胞）に取りこまれ，鞭毛がない無鞭毛型虫体（図 2.15）となって食胞内で増殖する．サシチョウバエがヒトやイヌなどの哺乳類を吸血するときに，リーシュマニア原虫はこの 2 者間（昆虫と哺乳動物）を行き来して，それぞれの体内で 2 分裂で増殖（binary fission）していく（加藤，2013）．

リーシュマニア原虫とサシチョウバエの間には，それぞれの種によって特異的な関係がある．その特異性を決定する因子について研究が進んでいるので紹介しよう．たとえば，サシチョウバエの1種（*Phlebotomus papatasi*）は，リーシュマニア原虫の1種（*L. major*）の自然界におけるベクターで，原虫はその体内で分裂・増殖する．ところが，他種のリーシュマニア原虫がこのサシチョウバエの中で発育することは困難なのだ．その理由は次の通り．原虫がサシチョウバエの中で増殖するには，一時期，中腸にとどまらなくてはならない．サシチョウバエ（*P. papatasi*）の中腸上皮には，ガレクチンPpGalecという分子が発現していて，リーシュマニア原虫（*L. major*）が中腸に特異的に結合するためのレセプターとして機能している．一方，リーシュマニア原虫の表面上にあってこのガレクチンと結合する分子（リガンド）が，リポフォスフォグリカン（LPG）だ．このLPGのガラクトース側鎖の構造がリーシュマニア原虫の種によって異なっていて（Kamhawi *et al*., 2004），*L. major*のLPGこそがPpGalecとの結合に最適の構造を有している．

こうした研究は何に役立つのだろうか？ ベクター内にあって原虫と結合するレセプターの分子構造を詳細に調べ，それをワクチンとすれば，哺乳類宿主体内でできた抗体がベクターと原虫との結合を阻止することができるだろう．こうしたワクチンを伝播阻止ワクチンと呼び，今，感染症学分野で注目されている．

d．トリパノソーマ

ボリビアやブラジルを中心とした南米〜中米地帯に，現地住民が恐れる大型の吸血昆虫がいる．サシガメだ（図2.16）．サシガメ（体長4〜40 mm）は，シャーガス病の原因となるクルーズトリパノソーマ（*Trypanosoma cruzi*）のベクタ

図2.16 サシガメ
ボリビアで採取されたサシガメ *Triatoma infestans*．クルーズトリパノソーマのベクターである．夜間吸血性．幼虫，若虫，成虫が雌雄ともに刺咬する．（写真提供：三浦左千夫）

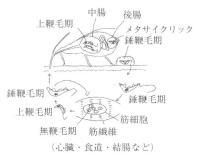

図 2.17 クルーズトリパノソーマの生活環

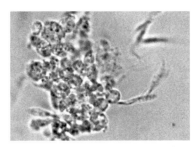

図 2.18 クルーズトリパノソーマの上鞭毛型虫体
培養で増殖させた虫体の生鮮標本（写真提供：三浦左千夫）

ーである．クルーズトリパノソーマは，リーシュマニアと同じトリパノソーマ目トリパノソーマ科に属するトリパノソーマ（*Trypanosoma* 属）の仲間だが，生活環が少し異なる（図 2.17）．この原虫はサシガメの腸管内で上鞭毛型虫体（図 2.18）となって分裂・増殖し，後腸に移動してメタサイクリック錘鞭毛型虫体（感染に特化した型）に分化した後，糞とともに排出される．サシガメは吸血と同時に脱糞するのだが，糞には痒み成分が含まれているため，ヒトはついボリボリと掻きむしってしまう．その傷口から虫体はヒト体内に侵入する．侵入した錘鞭毛型虫体は，骨組織を除くほぼすべての細胞に寄生できるが，とくに筋細胞や神経節細胞に好んで寄生し，無鞭毛型虫体に形態を変えて分裂・増殖をする（図 2.19）．無鞭毛型虫体はやがて運動性のある上鞭毛型虫体となって細胞を破壊・移動し，さらに発育した錘鞭毛型虫体（図 2.20）が次の細胞に感染する．心臓に寄生して長年にわたって増殖し，心筋組織が破壊されると，心筋炎を発症してヒトは死に至ることになる．また，消化器系に侵入すると，巨大食道，巨大結腸などを発症するし，目から感染すると片側性眼瞼浮腫を起こす（シャーガス病ま

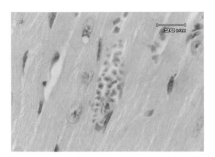

図 2.19　クルーズトリパノソーマの無鞭毛型虫体
実験感染させたマウスの心筋．細胞内に増殖する無数の虫体がみられる．

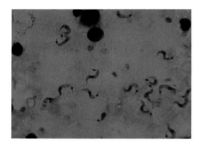

図 2.20　クルーズトリパノソーマの錘鞭毛型虫体
(写真提供：三浦左千夫)

たはアメリカトリパノソーマ症)．やっかいな原生生物である．日本には多くの中南米出身者が暮らしているが，中にはこの病気に苦しむ人も多い（三浦，2017)．最近，アマゾン開発に伴ってサシガメと病原体が移動し，先住民にもシャーガス病の症例が報告されるようになってきている．また，輸血や臓器移植，あるいは感染サシガメが混入した食品（アサイーヤシの実やサトウキビのジュース）を飲んで感染した例もある．

　一方，同じ *Trypanosoma* 属に属する"危ない"原生生物が，ガンビアトリパノソーマ（*Trypanosoma brucei gambiense*）とローデシアトリパノソーマ（*Trypanosoma brucei rhodesiense*）だ（山内・北，2008)．どちらもサハラ砂漠以南のアフリカの中央部に分布している *Trypanosoma brucei* の亜種である．この亜種がヒトに感染すると，錘鞭毛型虫体となって血流中を遊泳し，2 分裂増殖しつつ全身を巡って，肝脾腫，リンパ節腫大，肺炎などを引き起こす．さらに，血液脳関門を通過して脳脊髄液中に侵入・増殖すると，ヒトはさまざまな神経症

図 2.21 ツェツェバエ
ツェツェバエの 1 種 Glossina morsitans. ローデシアトリパノソーマのベクター. 口吻は針状で, 吸血に適した形状になっている. 雌雄ともに吸血する.

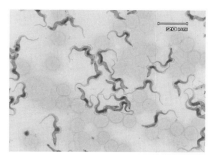

図 2.22 ブルーストリパノソーマの錘鞭毛型虫体
クルーズトリパノソーマに比べて, キネトプラスト (後端にある点状構造物) が小さい.

状を呈して, 末期には昏睡に至り死亡する (アフリカ睡眠病またはアフリカトリパノソーマ症). 媒介昆虫は, 体長 6〜14 mm ほどのツェツェバエ (*Glossina* 属) だ (図 2.21). ツェツェバエ体内では, 上鞭毛型虫体が中腸で 2 分裂増殖し, 感染型のメタサイクリック錘鞭毛型虫体となって唾液腺に集結する. そしてツェツェバエがヒトを吸血するときに虫体が唾液とともにヒト体内に侵入するのだが, クルーズトリパノソーマと違って, ヒトに侵入した錘鞭毛型虫体は細胞内に侵入することはできず, 常に血流中にいて次々と 2 分裂で増殖する (図 2.22). だがそうすると虫体は, 常にヒトの免疫系に晒され攻撃を受けることになるはずだ. しかし巧妙にもこの虫体は, 表面タンパク質 (variant surface glycoprotein: VSG) の抗原性を頻繁に変化させて宿主の免疫応答から逃れているのだ.

〔小林富美惠〕

文　献

1) Kamhawi, S., *et al.* : A role for insect galectins in parasite survival. *Cell*, **119** (3), 329-341, 2004.
2) 嘉糠洋陸：なぜ蚊は人を襲うのか（岩波科学ライブラリー 251），岩波書店，2016.
3) 加藤大智：リーシュマニア症―フィールドからラボへ，ラボからフィールドへ―．獣医寄生虫学会誌，**12** (1)，21-31，2013.
4) 三浦左千夫：吸血性サシガメ：シャーガス病（アメリカトリパノソーマ症）．公衆衛生，**81** (2)，135-139,2017.
5) Saito-Ito *et al.* : Survey of *Babesia microti* infection in field rodents in Japan : records of the Kobe-type in new foci and findings of a new type related to the Otsu-type. *Microbiol. Immunol.*, **51** (1), 15-24, 2007.
6) 辻　尚利・藤崎幸蔵：マダニから学ぶバベシア症制御の手がかり―感染症研究のあらたなパラダイム形成をめざして．医学のあゆみ，**236** (4)，289-297,2011.
7) 山内和也・北　潔：〈眠り病〉は眠らない　日本発！アフリカを救う新薬（岩波科学ライブラリー 140）．岩波書店，2008.

2.4.2　昆虫に共生する原生生物

　昆虫の消化管などに生息する原生生物として，パラバサリア（Parabasalid）とオキシモナス（Oxymonad）が知られている．パラバサリアもオキシモナスも，真核生物の高次分類群として提唱されているスーパーグループのうちミドリムシなどと同じエクスカバータ（Excavata）に分類される（第1章を参照）．前項で紹介されている寄生性のマラリア原虫が，宿主であるヒトなどの赤血球細胞内に感染して増殖するのに対し，パラバサリアやオキシモナスはシロアリやゴキブリの腸内を遊泳したり，腸管に付着して生息している．パラバサリアの代表的な種としては，ヒトの性感染症の原因となるトリコモナス（*Trichomonas vaginalis*）がよく知られている．この系統群は鳥などの動物の消化管などに寄生する種や，シロアリやゴキブリといった食材性昆虫の消化管に特異的に生息しており，水や土壌といった自然環境中から見つかることはほとんどない．腸内にパラバサリアやオキシモナスが生息しておらず，木材以外の多様な食性を獲得した高等シロアリと呼ばれる種類にはアメーボゾアに属するアメーバが共生している例が報告されているが，パラバサリアやオキシモナスが無数に共生する下等シロアリにはアメーバは生息していないと考えられている．ところが，ミャンマーで白亜紀の地層から発掘された琥珀に埋められた下等シロアリの化石からは，パラバサリアとオキシモナスに加えアメーバも観察されていることから，進化の過程で現存種の下等シロアリからアメーバが欠落したのかもしれない．

2.4 昆虫・ダニの中

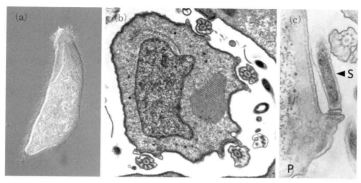

図 2.23 シロアリに共生する原生生物の例
(a) パラバサリア（*Pseudotrichonympha* 属）の位相差像．(b) オキシモナス（Pyrsonymphidae 科）の透過型電子顕微鏡像．(c) スピロヘータが付着共生している様子．P は原生生物の細胞，S はスピロヘータの細胞を表す．

　パラバサリアは，分類群名の由来となった副基体（parabasal body）と呼ばれる，タンパク質の修飾・選別・輸送を行うゴルジ装置が特殊化した細胞小器官をもっている（図 2.23(a)）．また，好気的な真核生物はその細胞内に酸素を利用してエネルギー産生を行うミトコンドリア（3.4 節参照）をもっているが，パラバサリアは嫌気的な環境に生息しているため，ミトコンドリアのかわりに水素を発生するハイドロゲノソームという細胞小器官を有している．ミトコンドリアとハイドロゲノソームはともに，祖先型の細胞と原核生物（α プロテオバクテリア）との細胞共生により誕生した同一起源であると考えられている．一方，オキシモナスは preaxostylar fiber という特殊な細胞骨格系をもっているが，ハイドロゲノソームやゴルジ体のような細胞小器官をもっていないため，比較的単純な細胞構造となっている（図 2.23(b)）．
　熱帯の陸上生態系においてもっとも生物量の多い動物群の 1 つであるシロアリは，ほとんどの動物が利用できない枯死植物をほぼ独占的に利用することで繁栄している．しかし，シロアリ自身は木材の主要な成分を十分に分解することができず，セルロースなどの木材の主成分はパラバサリアなどの原生生物が，シロアリが利用できる糖などに分解し，相利共生の関係を構築している．卵から孵ったばかりの幼虫や脱皮したてのシロアリ個体は腸内に原生生物がいないので木材を分解消化することはできないが，共同で生活をしている家族集団の他の個体から消化管内容物と一緒に共生原生生物を受けとることで，消化能力を獲得することが知られている．シロアリ類の消化管内に生息する原生生物は，家族集団を構成

するという宿主の社会性により，腸内から消失することなく受け継がれてきたと考えられている．

　シロアリやゴキブリの腸内に生息する原生生物は，さらに原核生物と共生関係を構築している．原生生物の細胞内には原生生物種ごとに特徴的な細菌や古細菌が高密度に生息している．たとえばパラバサリアでは，非常に大型の細胞である*Eucomonympha*属原生生物に*Treponema*という細菌が，*Trichonympha*属原生生物には*Endomicrobium*（TG1）という細菌や*Desulfovibrio*という細菌が細胞内に生息していることが報告されている．細胞内の細菌は原生生物が生きていくために必要な窒素源を供給したり，原生生物が木材を分解する過程で発生する副産物を変換することで代謝効率を上げるという機能を担っていることが，最近のゲノム解析で明らかにされている．また，原生生物の細胞表面にも細菌が付着していることが観察される．たまたま張りついていたというわけではなく，細菌側と原生生物側の双方が，特殊な構造をつくることで積極的に付着共生関係を構築しているようにみえる（図2.23(c)）．第1章で紹介したリン・マーギュリスは，シロアリの腸内原生生物とスピロヘータというらせん状の細菌との付着共生を観察して，真核生物の鞭毛の起源ではないかと考えたという話が残されている．実際に，スピロヘータの運動性によりシロアリ腸内の原生生物（*Mixotricha paradoxa*）が移動する推進力を得ているという運動共生関係が推定されている例も報告されている．今のところ，真核生物の鞭毛の起源については，マーギュリスの細胞内共生説は否定的な見方が主流となっている．しかし，シロアリ腸内の原生生物と原核生物の多様な細胞レベルの共生を観察すると，自身のもっている機能を超える新しい生物機能を他の生物から調達することができる共生が，マーギュリスが提唱した細胞内共生説だけでなく，生物の進化や生存戦略に影響を与えているということが想像できる．

　微胞子虫（Microsporidia）は胞子を形成し，多くの動物や昆虫に寄生することが知られている．ミトコンドリアやペルオキシソームといった細胞小器官をもたないことから，真核生物の進化の最初期に分岐した原生生物の系統の1つではないかと考えられていたが，現在では極めて特殊化した菌類（カビやキノコの仲間）であると考えられている．微胞子虫はバッタやカイコ，ミツバチなどさまざまな昆虫類に感染することが報告されている．とくに，寄生により発症するノゼマ病は有用昆虫であるカイコやセイヨウミツバチの大量死を引き起こし，絹糸やはちみつの生産に悪影響を与える重篤な病気である．　　　　　　　　〔野田悟子〕

2.5 植物の中（植物病原菌）

2.5.1 植物とヒトに感染・寄生する原生生物

プロトテカ属（*Prototheca*）は緑色植物門（Chlorophyta）のトレボウクシア藻綱（Trebouxiophyceae）に属する従属栄養性の単細胞生物で，単細胞性の緑藻クロレラ属（*Chlorella*）などに近縁な生物である（図2.24）．光合成を行う緑藻グループのうち，後になって（二次的に）光合成をやめた一部の系統がプロトテカである．その証拠に，プロトテカは光合成能を失った無色の葉緑体をもつことが知られており，最近のゲノム解析により，プロトテカは光合成に関連する遺伝子を失った葉緑体ゲノムをもつことが報告されている．

プロトテカは世界中の土壌，海，湖沼に加え下水などさまざまな環境に生息している．基本的に自由生活性の生物で，環境中より栄養を摂取する吸収栄養により増殖する．増殖速度は非常に速く，糖などを豊富に含む培地中では1日程度で飽和状態に達する．一部の種（*P. wickerhamii, P. zopfii, P. cutis*）は，ヒトを含む動物の皮膚の傷口などから感染して，まれではあるがプロトテカ症を引き起こすことが知られている．プロトテカに対する薬剤はなく，治療にはおもに抗真菌剤が使われている．一方，植物の樹木の表面で形成されるスライム・フラックス（傷口などから出る樹液中で増殖したバクテリアや菌類の集合体）からも多くのプロトテカが発見されている．しかし，スライム・フラックスに含まれるプロトテカが樹木への病原性をもつかは明らかになっていない．また，動物や植物以外に寄生するもので，プロトテカの近縁種であるヘリコスポリディウム属（*Helicosporidium*）は昆虫の消化管に寄生することが知られている． 〔平川泰久〕

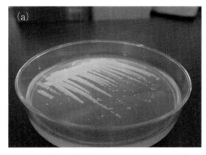 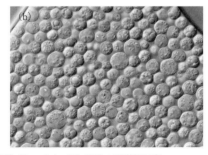

図2.24 *Prototheca cutis* の（a）寒天培養プレートと（b）細胞の顕微鏡写真

2.5.2 植物に感染・寄生する原生生物
本項では卵菌類，バンピレラ類，ネコブカビ類について取りあげる．
a. 卵菌類
　卵菌類は，有性生殖により卵胞子を形成し，鞭毛をもった遊走子により水の中を泳ぐ特徴をもち，ストラメノパイルに属する．おもに水分のあるさまざまな環境で生息し，腐生的な生活を行う種が多いが，時に植物に深刻な病気を引き起こす．ミズカビ目のアファノマイセス属（Aphanomyces）にはホウレンソウ・ケイトウの根腐病を起こす Aphanomyces cochlioides, カブ・ダイコン・ハクサイの根くびれ病を起こす A. raphani などが存在する．フハイカビ目には，多犯性で時に大きな被害をもたらす植物病原菌であるフィトフィトラ属（Phytophthora）菌とピシウム属（Pythium）菌が含まれる．フィトフィトラ属菌による植物病害は，すでに200を超えているが，3割ほどが Phytophthora nicotianae によって引き起こされる．一方，ピシウム属菌はフィトフィトラ属菌と比べて数多くの種が植物病原菌として報告されており，その中でも Pythium aphanidermatum, P. myriotylum, P. spinosum は比較的よく知られる種である．ツユカビ目には，白さび病菌として知られるアルブゴ属（Albugo）菌，べと病菌として知られる Peronospora, Bremia, Plasmopara, Pseudoperonospora 属菌などが知られる．白さび病として比較的頻繁に見かける病害は，Albugo macrospora によるコマツナ・ダイコンの白さび病がある．一方，べと病は，Pseudoperonospora cubensis によるキュウリべと病や Plasmopara viticola によるブドウべと病，Peronospora alliariae-wasabi によるわさびべと病（図 2.25）などが存在する．

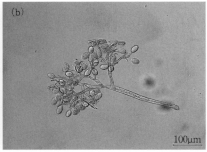

図 2.25 　(a) *Peronospora alliariae-wasabi* によるわさびべと病の病徴と，(b) そこから観察された胞子のう柄および胞子のう

b. バンピレラ類

バンピレラ類（Vampyrellid）はリザリアに属する．糸状の仮足をもつアメーバ状原生生物で，これまでに8属30種ほどが記載されている（図2.26）．おもに淡水や土壌中に生息しており，藻類，線虫，ワムシの卵や真菌の菌糸などさまざまな生物を捕食する．一部の種は捕食の際に細胞壁に穴を開けて中身だけ吸い出すことから，「吸血アメーバ」とも呼ばれている．バンピレラ類の多くは移動・捕食を行うアメーバ期と獲物の消化・細胞分裂を行うシスト期を行き来する生活環をもつ．

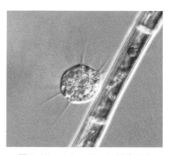

図2.26 サヤミドロに付着する *Vampyrella* sp.（写真提供：中山剛氏）

c. ネコブカビ類

ネコブカビ類は植物や海藻，原生生物に寄生するアメーバで，これまでに12属35種以上が知られている．多くの種は変形体と呼ばれるアメーバ細胞，鞭毛をもつ遊走子，細胞壁で覆われたシストから構成される生活環をもつ．一部の種は農作物に病害を起こすことが知られており，アブラナ科の植物の根に寄生するネコブカビ（*Plasmodiophora brassicae*）などが有名である（図2.27）．

〔白鳥峻志・廣岡裕吏〕

図2.27 *Plasmodiophora brassicae* によって肥大したハクサイの根（写真提供：出川洋介氏）

2.6 土 の 中

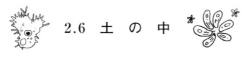

2.6.1 土の中に潜みヒトに害をなす原生生物

土壌は水と並んで多様な微生物の宝庫だ．驚くほどの種類と数の微生物が土壌中には存在する．最近の研究によれば，土壌1gあたりの細菌は100万種類で10億単位の数で存在し，原生生物についてはアメーバ，繊毛虫，鞭毛虫，微細藻類など10万単位の個体数で存在するという（2.6.2項参照）．

この微生物だらけといってよい土壌の中で，ヒト寄生性の原生生物というのは

どれくらいいるのだろうか？　土壌を介した感染というのは寄生虫学的に重要な感染様式で，一時的に土壌に存在し感染するもの，および本来土壌にいて感染するものによる2種類の様式がある．前者にはたとえば2.3.1項で紹介したクリプトスポリジウムなどがある．クリプトスポリジウムに感染したウシなどが野外の農場で糞便を落とすと，その場所（土壌）がオーシストで汚染される．そのような農場で育ったリンゴなどの果物が土の上に落ち，それをジュースにしたことでクリプトスポリジウムに感染したという感染例がある．よく似た土壌感染はシストやオーシスト，また虫卵を産生する寄生虫で広くみられる．一方後者の，土壌を本来の生息の場とする原生生物でヒトに感染するものは非常に少ない．土壌中に数多いる原生生物の中で，アカントアメーバとネグレリア，それとバラムチアといういくつかのアメーバのみが知られている．

　土壌中とヒト体内はまるで違う環境であり，一方で生きるように適応した生物が，もう一方で生き延びるのは簡単なことではない．動物に寄生する原生動物にとって，体外に出た後も生き延びて別の動物に寄生できるか否かは死活問題なので，土壌中で生きられる能力は困難でも獲得する価値がある．一方，土壌はヒトの体内に比べて非常に栄養分が低い．通常，土壌に生息する原生動物にとってヒトの体内は栄養分や浸透圧が高すぎるので生存に向かず，たまたま生き残るものもいるという程度に過ぎない．前者が一定数いて，後者がほとんどいないのはそういう理由である．

　土壌を調べればとにかくいろいろなアメーバが見つかる．種類にすれば数十種類には分類されるだろう．2.2.1項で紹介したアカントアメーバについては少なくとも60％くらいの確率（1gの土壌試料サンプルを10個とれば，そのうちの6個）で見つかるという．かなり高い検出率の理由は，ボロボロに乾燥した土からも見つかるように，シストの耐久性によるものだ．真夏の熱せられて乾ききった土の中，また真冬の凍りつく土の中でも生き残る．遺伝子を調べるとヒトに感染したものと同じタイプのものが土壌にもいることがわかっている．土壌も感染源になり得るという証拠だ．ネグレリアも土壌中の代表的なアメーバ状原生生物だ．ネグレリアはアカントアメーバ同様小型のアメーバで，非常に運動性が高い．その運動性と形態は寄生性の赤痢アメーバに似ている．しかし分類学的には，ヘテロロボセア（ディスコーバ内のサブグループの1つ）に属し，アメーボゾアに属するアカントアメーバとは近縁ではない．生活環の中では仮足をもって運動する栄養体に加え，2本の鞭毛を形成して遊泳する鞭毛型が存在する．鞭毛

型は水中でのみ観察され，実験的には 30 分程度で栄養体から鞭毛型への変換が起きる．鞭毛を細胞内にたたんで入れてあるわけではなく，必要に応じて形成し，また取り壊すということをしているらしい．

ネグレリアには多くの種類が含まれる．その生息温度の範囲は幅広く，とくに高温に耐える種類がいる．それらは高温耐性アメーバとしてヒトや動物に病原性をもつ種類が含まれる．われわれが注意したいのはその中の *Naegleria fowleri* という種類だ．和名としてフォーラーネグレリアとも呼ばれる．現在までにヒトに病原性をもつのはこのフォーラーネグレリア 1 種のみが知られる．高温耐性といったが，実験的には 45℃ まで増殖が認められている．自然環境，あるいは人工環境より本種が見つかっている．ヒトに感染した場合は原発性アメーバ性髄膜脳炎という，極めて急性の致死的脳炎（致死率 98％ 以上ともいわれる）の原因となる．アカントアメーバによるアメーバ性肉芽種性脳炎と同様，発生はまれであるが，国内でも過去に一度発生例がある．

フォーラーネグレリアの感染源は温められた自然の湖，河川だ．一般的にいって，温泉の浴槽などがネグレリアはじめ多様なアメーバに汚染されることを考えると，その汚染の源は土壌と考えてよいであろう．その中でとくに高温耐性能が高い種類が浴槽水に入りこむと，それが生き残り，かつ優占的になるものと考えられる．　　　　　　　　　　　　　　　　　　　　　　　　　　　〔八木田健司〕

2.6.2　土の中にいる人畜無害な原生生物

陸地の総面積は約 149 億 ha で，地球の全面積に占める割合は約 30％．すべての土壌中，高山のハイマツの下にも，野球場のピッチャーマウンドの上にも原生生物は生息している．土壌原生生物の特徴として通常はシストとして，土壌中で乾燥などに耐えて休眠しており，降水や植物根からの多糖類の分泌などによって，生育に好適な環境になると，土壌粒子の間隙水中で活動体（active form）になる（島野，2007, 2009）．あらゆる環境，街路樹の土壌にも見出される *Colpoda* 類（繊毛虫類）は，乾燥や悪条件になると，6〜8 時間でシストになる（Yamaoka *et al*., 2004 など）．直後まだシストが乾燥していない状態でも 40℃ で 3 時間を耐えることができ，さらに，完全に乾燥状態になると 80℃ で 3 時間，100℃ も 10 分間耐える．さらに−30℃ の低温にも 3 時間耐えることができる．シストは，乾燥，高温，低温（Maeda *et al*., 2005）に耐えることができるため，原生生物はシストという生活史ステージをもつことが多い傾向にある．

土壌原生生物の操作単位として生態学で扱われる分類単位に，(1) 裸アメーバ，(2) 有殻アメーバ，(3) 鞭毛虫，(4) 繊毛虫がある．この中で現在の分類体系と合致し単系統であるものは (4) 繊毛虫だけで，それ以外はたくさんの分類群を含んでいる（＝多系統）．他に，(5) 細胞性粘菌・変形菌が生息し（この分類群も多系統），(6) 胞子虫が土壌性の節足動物に広く分布している．しかし，胞子虫も多系統である（2.1.1, 2.4.2 項を参照）．

以下，概要の一部は Foissner (1999) に従った．

a. 土壌性「いわゆる」裸アメーバ

土壌から出現するいわゆる狭義のアメーバ（裸アメーバ）はアメーボゾア，および，ヘテロロボセア（エクスカバータ）に属する．土壌性のもので記録されたものは 60 種（Page, 1976）程度といわれているが，実際にはもっと種数は多く，その中身は著しく多系統化している．土壌間隙に生息するため，ほとんどの土壌性の裸アメーバはかなり小さい（30 μm 以下）．通常，裸アメーバには，とくに変形菌（粘菌）類などは含んでいない．乾燥土壌 1 g あたり 2000～200 万個体（Berthold and Palzenberger, 1995）という生息密度の高さから，土壌生態系の中ではもっとも重要な分類群の 1 つだと考えられている（島野，2007）．

b. 土壌性「いわゆる」有殻アメーバ

有殻アメーバは，裸アメーバと異なり，「殻」をもち，その大部分はアメーボゾアとリザリアに所属する．湿原のミズゴケ環境から出現するアンフィトレマ属（*Amphitrema*）は，ストラメノパイルに属する．有殻アメーバの殻はムコタンパクやケイ素などのアメーバ自身の分泌物でつくられているグループ（idiosome 類）と，砂の鉱物や珪藻などの周囲の材料で構成されているグループ（xenosome 類）がある（図 2.28）．

これまでに土壌性の有殻アメーバは約 300 種が記録され，さらに，おのおのの

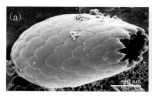

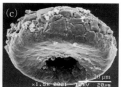

図 2.28 土壌有殻アメーバの殻の SEM（走査型電子顕微鏡）像．殻の中にアメーバが入っており，仮足を殻から出して移動や捕食をする．自身で殻をつくる idiosome 類 (a, b) と，周囲の砂の鉱物や珪藻などの材料で殻をつくる xenosome 類 (c)．(a) *Euglypha rotunda*，(b) *Euglypha compressa*（以上，リザリア），(c) *Centropyxis plagiostoma*（アメボゾア）．

種には多くのバリエーション（変種）が記録されている（Bonnet, 1964；Chardez and Lambert, 1981；Foissner, 1987）．鉱物質の土壌では乾燥土壌 1 g あたり 100〜1000 個体，森林の落葉では乾燥土壌 1 g あたり 1 万〜10 万個体が生息しているといわれている（Cowling, 1994；Foissner, 1999）．森林土壌において，植物から落葉落枝として土壌に供給される量と同程度のバイオシリカ量を短いライフスタイル，活発な増殖量をもつ有殻アメーバがプールしており，物質循環に大きく貢献していることが知られている（Aoki *et al.*, 2007；青木, 2007）．

c. 細胞性粘菌と変形菌

細胞性粘菌（cellular slime mold）は，タマホコリカビ類（Dictyosteliida）（アメーボゾア）と，アクラシス類（*Acrasis*, acrasid slime mold）（ヘテロロボセア（エクスカバータ）），グッタリノプシス類（*Guttulinopsis*）（リザリア）の 3 つの異なるグループをおもに指している．

一方，変形菌（Myxogastria）（slime mold）（アメーボゾア）は，粘菌といわれる．よく混同される細胞性粘菌と区別するために真性（真正）粘菌とも呼ばれる．

細胞性粘菌は，生活環のどの段階でも，単細胞かまたはそれが集合した形をとり，細胞の構造は失わないが，変形菌は変形体の状態で核分裂を繰り返しながら，細胞質は分かれず，細かい枝分かれをもった多核体となる．

細胞性粘菌は個々の細胞がばらばらのアメーバ状の生活をもち，周囲の栄養源が枯渇して飢餓状態になると，細胞はやがて集合して *Dictyostelium discoideum* では，約 10 万個の細胞からなる多細胞体制を形成し，ナメクジ状の移動体を経て子実体を形成する．移動体のときに前部約 1/4 を占める細胞（予定柄細胞）は，子実体形成の際には柄細胞に分化して最終的に死細胞になり，一方，移動体の後部約 3/4 の細胞（予定胞子細胞）は物理・化学的ストレスにも耐えることのできる胞子に分化し，胞子は適当な条件下で発芽してアメーバ状の細胞となって生き延びる．

変形菌では，子実体から放出された胞子は，鞭毛をもつ単相（n）のアメーバ状細胞となり，2 分裂により増殖する一方，配偶子としても機能し，接合して複相（$2n$）となる．この複相のアメーバは無数の核をもつ多核体の大きなアメーバ，つまり変形体になる．変形体は朽ち木や土壌中などに潜り込んでいるが，そのうちに表面にでて，数 mm 程度の部分に分かれ，それぞれが小さなキノコのような子実体となる．

〔島野智之〕

文　献

1) Geisen, S. *et al.*: Soil protistology rebooted: 30 fundamental questions to start with. *Soil Biol. Biochem.* 111, 94-103, 2017.
2) Orgiazzi, A. *et al.*: *Global Soil Biodiversity Atlas*, Publications Office of the European Union, 2016.
3) 島野智之：根圏における原生生物の役割―土壌原生生物とバクテリアおよび植物根との関連について―．土と微生物, 61, 41-48, 2007.
4) 島野智之：土壌生息性の原生生物と線虫．土壌の原生生物・線虫群集―その土壌生態系での役割―（日本土壌肥料学会編），博友社，2009.

2.7　淡　水　中

2.7.1　淡水中に潜みヒトに害をなす原生生物

　水環境は土壌と同様多様な原生生物にとっての主要な生息場所となっている．ここでは自然の淡水環境に限って，そこにいる寄生性の原生生物とヒトの関わり合いをみてみよう．

　森林の中を流れる清流は，透明で手で掬って飲めば冷たく美味しい．この水の中にたくさんの生物が含まれていることなど，普通は想像しないものだ．しかしこのような見た目きれいな水にも病気を引き起こすような原生生物が含まれることがある．2.2.1項で紹介したランブル鞭毛虫やクリプトスポリジウムは野生動物も宿主とし，その糞便が野山を汚染し清流にも流れ込む．キャンプなどで清流をそのまま飲んで下痢をする場合は，これらの寄生性原生生物による汚染の可能性がある．また淡水を貯めた"生水（一般に沸かして消毒していない水）"のような場合も含めると，ヒトによる汚染の可能性もあり，野生動物を宿主としない赤痢アメーバなどの感染リスクも生まれる．

　自然環境にある湖や河川はリクリエーションの場として人々が水と触れ合う場所だ．飲用にはしないとはいえ，泳いだり潜ったりしていれば少なからず水を飲み込むことがあるが，寄生性の原生生物に感染することはほとんどない．一方で注意すべき原生生物が2.6.1項でも触れたフォーラーネグレリア（*N. fowleri*）だ．本種は温かい淡水域に広く分布すると考えられ，自然の湖沼，河川が感染源となる．遊泳中や潜水中に感染するので，感染の疑いのある場合は遊泳歴や自然の淡水に触れたかの履歴が診断にとても重要だ．アメリカではウォーターパークや人工の急流下り施設など，リクリエーション施設も感染源になること，洪水やハリケーン後の浸水がフォーラーネグレリア汚染を拡大する恐れがあることな

ど，フォーラーネグレリアが公衆衛生上の脅威となる原生生物であると認識されている．
〔八木田健司〕

Column 5　応用利用される微細藻類

　微細藻類を用いて以下のようなさまざまな応用利用が進められている．
　食品：健康食品として緑藻クロレラやミドリムシ（ユーグレナ）などが利用され，また，スピルリナやヘマトコッカスなどからの食用色素や抗酸化物質としてカロテノイド生産などがある．
　飼料：珪藻，ハプト藻，プラシノ藻，真眼点藻などが，直接あるいはワムシを介して水産魚介類の餌として使われている．
　医薬：渦鞭毛藻や藍藻などの機能性物質が注目されている．
　環境浄化：緑藻や藍藻などによる CO_2 や SO_X，NO_X といった酸性ガスや重金属の除去が検討されている．
　工業材料：ユーグレナ類などからバイオプラスチックの生産技術が報告され，また珪藻土も重要な材料である．
　そして近年，藻類の単位面積あたりの油脂生産能力は，陸上植物の数十倍から数百倍で，穀物からエタノールをつくるような食物との競合も生じないことから，バイオ燃料としての利用が期待されている．具体的には，ミドリムシ，珪藻，緑藻などが対象として研究されている．中でも緑藻ボトリオコッカスは，重油相当のオイルを細胞外に放出する性質があり注目されている．また，ミドリムシはワックスエステルを生成する能力があり，大量培養技術が蓄積されている．しかしながら，藻類オイルについての研究が先行しているアメリカでは，生産コストの大幅な改善が困難との見方から，企業の撤退や事業縮小が相次いでいる．一方，光合成能力をもたず，アメーバの仲間とされたこともある原生生物のラビリンチュラ類（オーランチオキトリウム類）も，高い増殖能力と高濃度の脂質蓄積能力から着目されている．最近，植物性バイオマスの分解で生じ，多くの生物が利用できないキシロースなどの C5 糖やグリセロールの資化能力をもつ培養株が分離され，コストダウンの可能性が示されている．
〔本多大輔〕

2.7.2　淡水中にいる人畜無害な原生生物

　身近にある川や池の水の中には多数の原生生物がすんでいる．緑色，黄色，茶色，無色透明など非常にカラフルである．形も球形のものから楕円形のもの，ギ

ザギザ突起のあるものなど，そしてさらにその運動も鞭毛をもって活発に動き回るもの，仮足を使って這い回るアメーバ類など非常に多様である．葉緑体をもって光合成により栄養摂取をする独立栄養性の原生生物（藻，あるいは微細藻）や，従属栄養性といわれ有機物，バクテリア，他の原生生物を細胞内に取りこみ分解吸収する原生生物（原生動物）など，その生存戦略もさまざまである．本項ではどのような淡水環境にどのような原生生物がすんでいるのか解説したい．

a. 淡水性原生生物の生息場所

原生生物は水中や少しでも水を含む場所ならどこでもすんでいる．とくに多くの原生生物が好むのは流れの少ない水田や沼池，湖，ダムなどである．浅瀬で水生植物が繁茂する場所や，樹木の落ち葉などが底に積もったところには多様な原生生物が出現することが多い．落ち葉や枝などがそのまま原生生物の生息場所となるだけでなく，そこから染み出す栄養分を餌として利用できるからである．また同様に動物の排泄物や死骸なども重要な栄養分の資源となっている．太陽の光が差しこむ止水域には葉緑体をもつ原生生物（微細藻）のみならず，それら微細藻類を捕食する原生生物も増えるのでより多様な原生生物が織りなす複雑な（低次）生態系構造が発達している．池や湖はもちろんのこと，溝や水たまりといったごく短期的な水域，さらには土壌や樹皮の表面といった一時的にでも湿り気のある環境などでも原生生物は生息している（図2.29（a））．われわれ人間にとってはほんの湿り気のある土でも，原生生物にとっては砂粒の間を満たす水が泳ぎ回るのに十分な量である．そういった生息環境が乾き始めると，シストと呼ばれる乾燥に耐える形態に変化する．そして雨などによって水たまりができると途端に発芽し泳ぎ出す．この休眠シストは長距離移動戦略としても有効である．鞭毛を使った遊泳や仮足による匍匐運動による移動距離は，われわれ人間からすると非常に短いが，一旦シストになれば，風にのって空中を漂うこともできるし，鳥や昆虫に付着して長距離の移動も可能となる．

流れのある河川や沢の水にはあまり多くの原生生物は見つからないが，水生植物や川底の砂，石，岩などの上にはアメーバや黄色の葉緑体をもつ珪藻類などが流されないように付着している．川底にすむ原生生物は砂粒の上や砂粒どうしの隙間などを動き回るものが多く，とくに川底の表面から数mmの部分には非常に多くの原生生物が見つかる．砂泥層のさらに内部は有機物が豊富で酸素が極めて少ない状態（嫌気状態）になっており，このような環境にもその環境に適応した原生生物（トレポモナス *Trepomonas*（図2.29（b）），ヘキサミタ *Hexamita*

2.7 淡　水　中　　　　　　　　　　　　75

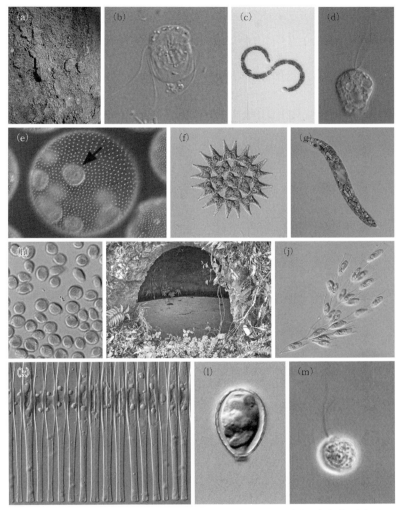

図 2.29　淡水に生息するさまざまな自由生活性原生生物（a）樹皮に付着する気生藻，（b）トレポモナス，（c）アナベナ，（d）コロディクティオン，（e）オオヒゲマワリ（矢印は子ボル），（f）クンショウモ，（g）ミドリムシ，（h）多数のヒカリモ遊泳細胞（野水美奈氏提供），（i）ヒカリモによって黄金に輝く洞窟内の水たまり（野水美奈氏提供），（j）サヤツナギ，（k）フラギラリア，（l）ポーリネラ（中山卓郎氏提供），（m）ツクバモナス

など）が暮らしている．

　池や湖の表面が緑色や，黄緑色，茶色などに色づくことがある．これはブルーム（水の華）と呼ばれ，多くの場合特定の種が卓越し突発的に大発生する現象であり，海洋で見られる赤潮と同じ現象である．富栄養化と呼ばれる硝酸やリン酸などの栄養塩の濃度が上昇することで起こる．淡水域では藍藻類（シアノバクテリア，光合成性の原核生物，図 2.29（c））が原因種となりアオコと呼ばれるブルームが発生していることが多い．これらのブルームが発生してしまうと，その環境は原因生物に優占されてしまい他の生物はほとんどみられなくなる．また原因生物やその死骸・分解物が原因となり，池や湖が酸欠状態となってしまう．その結果として異臭の発生，魚介類の死滅，観光業への影響など社会問題が起こることもある．その一方で，アオコが発生し他の生物が死滅してしまうような極端な環境でも，その原因生物であるシアノバクテリアを好んで捕食して増殖できる原生生物（コロディクティオン *Collodictyon* など）も知られている（図 2.29（d））．

　陸上では樹木や草などが食物連鎖の起点となり，高次の動物へと「食う・食われる」の関係が続く．それと同様に，水中では光合成を行う原生生物（微細藻類）が食物連鎖の起点であり，大型で捕食性の原生生物，小型の動物プランクトン，そして魚類へと水圏での「食う・食われる」の関係としてつながっている．さらに水中で発生する生物の死骸や排泄物，落ち葉や木の枝など陸起源の有機物などは，バクテリアや菌類，原生生物（とくにアメーバ類）によって分解吸収されることで再び食物連鎖のループの中に取りこまれる．このように原生生物は水圏の食物連鎖において細菌類と動物の間を取りもつ非常に重要な役割を担っている．

b.　代表的な淡水性原生生物

　淡水生活をする原生生物には，微細藻類の代表として緑色の葉緑体をもつオオヒゲマワリなどの緑藻類やミドリムシといったユーグレノゾア類，黄色の葉緑体をもつヒカリモや珪藻といったストラメノパイル類があげられる．また葉緑体をもたない原生生物にはゾウリムシといった繊毛虫や，水中の落ち葉や砂粒上を這い回るアメーバ（狭義のアメーバ，仮足により匍匐運動をする生物），細胞の外に頑丈な殻をもつ有殻アメーバなどがあげられる．淡水域にはこの他にも多種多様な原生生物が生存しているが，本項では紙面の都合上，上述した生物の特徴を紹介する．

2.7 淡 水 中

1) オオヒゲマワリ

オオヒゲマワリ（ボルボックス *Volvox carteri*）は緑色植物門に属する数千個の体細胞が集まった群体性の微細藻である（図 2.29 (e)）．水のきれいな田んぼや池などで普通に見つけられ，大きな群体だと肉眼でも観察できるほど大きくなる．1つ1つの体細胞は2本の鞭毛と葉緑体を有しており，この体細胞が一層に並んだ球形としての群体を形づくっている．大きい球体の中にみえる小さい細胞塊は通称・子ボルと呼ばれる次世代の細胞塊である．親ボルの1つ1つの細胞は鞭毛を外側に向け配置しており，その鞭毛が光の方向を感知し全体として動くことで，群体が回転しながら動き回る．単細胞性のクロレラやミカヅキモ，群体性のクンショウモ（図 2.29 (f)）やツヅミモなども淡水域ではよくみられるオオヒゲマワリに近縁な緑藻類である．

2) ミドリムシ

ミドリムシ（*Euglena gracilis*）はユーグレノゾア門に属する2本の鞭毛（うち1本は極めて短く光学顕微鏡下でも視認できない）と緑色の葉緑体をもった微細藻である（図 2.29 (g)）．2.1.2 項でも述べた通り健康食品および次世代エネルギーの材料としても注目されている．田んぼや池などでも普通に観察される．

3) ヒカリモ

ヒカリモはコンブやワカメと同じストラメノパイルに属する光合成性の微細藻である．*Ochromonas vischeri*，*Chromulina vischeri*，*Chromulina rosanoffii*，*Chromophyton rosanoffii* などと呼ばれることもあるが，驚くべきことに正式な学名はまだない．2本の鞭毛と鮮やかな黄色の葉緑体をもつ（図 2.29 (h)）．光の差し込む洞窟の中の水たまりや，森のなかにあるやや暗めの沼などの水面に大量発生し，水面が「黄金の粉をまぶしたように」と形容されるほどに輝く（図 2.29 (i)）．千葉県竹岡の群生地ではこのヒカリモが天然記念物として指定されている．ヒカリモに近縁な生物としてサヤツナギ属（*Dinobryon*，図 2.29 (j)）やマロモナス属（*Mallomonas*）といった他のプランクトン性原生生物が知られ，これらの生物は季節的な消長がみられ，とくに春先に大発生することが多い．

4) 珪藻

珪藻（diatom）もストラメノパイルに属する光合成性の微細藻であるが，その形態はヒカリモやその仲間とは似ても似つかない（図 2.29 (k)）．細胞は珪酸質の頑丈な殻に覆われており，鞭毛や繊毛をもたない．滑走運動を行い，基質の上を滑るように移動する．水中の石や水草の表面に付着して生育する種類や水中

を漂うプランクトン性の種類などが多様である．珪藻類は非常に多くの種が存在し，きれいな水から汚染された水までさまざまな環境に生息する．そして生息する水の汚染の程度によって，出現する珪藻の種が異なるため，環境の水質を判断する指標生物として扱われることもある．代表的な珪藻類としてはクチビルケイソウ（*Cymbella*）などがあげられる．また珪藻類の中には，二次的に光合成能を失った色のない種も知られている．

5）ゾウリムシ

ゾウリムシ（*Paramecium caudatum*）は繊毛虫門に属する葉緑体をもたない原生動物である．水田や池でよくみられるやや大きめの生物である．細胞表面に数千本の鞭毛があり，とくに繊毛と呼ばれる（第1章参照）．この繊毛を使って遊泳するため，他の原生生物と比べて移動の力は高く，螺旋状に回転しながら遊泳する．遺伝学や細胞学などの実験生物としてよく研究されている．ゾウリムシはバクテリアを餌とするが，他種の大型の繊毛虫は他の原生生物を餌とするものもある．

6）アメーバ

アメーバ（オオアメーバ：*Amoeba proteus*）はアメーボゾアに属する原生動物であり，本書でいうもっとも狭義のアメーバである（2.6.2項参照）．淡水域ではよく観察され，落ち葉や水草などの上を這い回って生活する．鞭毛や繊毛をもたず，細胞を自由に変形させ仮足を伸ばす運動，アメーバ運動によって移動する．他の原生生物やバクテリアなどを餌として捕食する．ゆっくりとした動きにかかわらず，泳ぎの速い繊毛虫や緑藻類を取りこむこともあるし，時には自身よりも大きな細胞を取りこむこともある．細胞が大型であるため，原形質流動やアメーバ運動の観察など生物実験でよく用いられる．角膜炎などの病気の原因生物となりうるアカントアメーバ（*Acanthamoeba* spp.）の近縁生物である（2.2節参照）．

7）有殻アメーバ

有殻アメーバ（testate amoeba）は球形または壺状の殻をもつアメーバ類である（2.6.2項参照）．ミズゴケ類が繁茂する高層湿原からの報告が多い．殻をもたないアメーバ類（裸アメーバ）は特定の形態がほとんどないために種の判別が難しいが，有殻アメーバは殻に独特の特徴があるため，その分類学の歴史は古い．殻は石灰質やキチン質，ガラス質でつくられている．殻をもたないアメーバ類同様，仮足を使って移動する．ポーリネラ（*Paulinella chromatophora*）はガ

ラス質の殻で覆われた有殻アメーバの一種で，有色体と呼ばれる光合成を行う緑色の細胞小器官をもつ（図 2.29 (l)）．この有色体は植物や微細藻の葉緑体とは起源が異なり，独自に獲得した光合成器官である（3.5 節参照）．

　川や池などではどうしても，魚類や水生昆虫類などに注目しがちである．原生生物は非常に小さく肉眼ではみえないために，その存在自体を認識するのはなかなか難しい．この項で紹介した生物は淡水で見つかる生物のほんの一部である．そして先にあげた環境以外にも，たとえば森の中に一時的にできた水たまりやお墓の水受けなどの環境からも原生生物が見つかってくることがある．雪上藻や温泉藻といった他の生物が生存できないような極限環境に生きる原生生物もいる．実際に身近な池や湖に出かけて，その水を顕微鏡で観察してみると，一滴の水の中にここでは紹介しきれなかったさらに多くの原生生物が見つかる．そしてその中には，未だ学名がつけられていない新種の原生生物もきっと含まれている．たとえば筑波大学のキャンパス内の池から新種が見つかり，近年ツクバモナス（*Tsukubamonas globosa*，図 2.29 (m)）として記載され話題となった．この生物はその後の研究で独立した綱（分類体系で門の次にあたる高次分類群）に 1 属 1 種で分類されており，極めて新規性の高い生物の発見であることがわかった．みなさんのまわりにある池や沼にも，実は発見されることを待っている原生生物たちが数多くいるかもしれない．そして，その発見から生物進化を大きく書き換える知見が得られるかもしれない．
〔矢吹彬憲・雪吹直史〕

Column 6　原生生物の生物指標の手法応用

　生物指標（biotic indicator, bio-indicator）は，生物種，個体群または群集の機能，状態または組成により，環境そのものを総合的に評価する方法である．さまざまな化学要因，物理要因を測定しなくても，どのような生物が生息しているか観察すれば，一目瞭然となることが期待されている．なんらかの特定の環境要因について指標となる生物（指標生物という）を種レベルで用いて判定する場合には，この生物種を指標種という．

　とくに淡水環境において，原生生物などの水生生物は，広く生物指標として利用されてきた．Kolkwitz and Marsson（1908）によって提案されたザプロビックシステム（汚水生物系列，saprobic system（英））は，生物学的な水質判定の，と

くに汚染水質の基準として，それぞれの分類群の生息の有無を用いて水質階級を判定する方法である．

原生生物が注目されるには理由がある．Liebmann（1951）は，「1つの体制が簡単であればあるほど，体積が小さいほど，そしてそれに比して表面積が大きいほど，それから周囲の媒体の化学的な作用に対する体表の保護が不十分であればあるほど，それだけ水の化学的性質に敏感である」という．原生生物を生物指標に用いるための理由にピッタリではないか．（詳細は，島野（2014）をご参照ください．）

〔島野智之〕

文　献

島野智之：生物指標の手法と原生生物への応用．原生生物フロンティア　その生物学と工学（洲崎敏伸編），pp. 103-114, 化学同人，2014.

 ## 2.8　海　の　中

2.8.1　海の中に潜みヒトに害をなす原生生物

地球上に大きく広がる海洋は数多くの生物を育んでおり，それは微生物も例外ではない．そして数多くの生物がいればそこに寄生する生物もまた数多く存在しているのだが，われわれはまだその一部しか理解していない．魚類に寄生するクドアが，人間に対して食中毒を起こすことがあると最近になって判明したのも（2.1.1項参照），海の寄生生物についてわかっていないことがたくさんあるということの証である．ここでは海水中に暮らす原生生物の中から，われわれの食生活と関わりのあるユニークな寄生虫たちを少しだけピックアップしてみよう．

a.　パラメーバ

タイセイヨウサケ（アトランティックサーモン）を水温のやや高い海域で養殖すると，鰓に白い病変が広がり呼吸困難を起こして死んでしまうことがある．病原体はアメーボゾアに分類されるパラメーバ（*Paramoeba perurans* など）というアメーバなので，アメーバ性鰓病と呼んでいる．パラメーバは日本も含め世界の海からしばしば見つかるもので，人間に対しては無害だと思われる．しかし条件次第ではサケ類だけでなく，イシビラメ，アユ，ブルークラブ，ロブスター，ウニといった水産物に病気を起こす．このパラメーバのユニークなところは，ユーグレノゾア門キネトプラスト綱（Kinetoplastea）に分類されるパーキンセラ

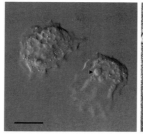 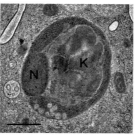

図 2.30　左は微分干渉法で観察したパラメーバで，共生しているパーキンセラを矢尻で示している．バーは 10 μm．右は透過型電子顕微鏡で観察したパラメーバの細胞質中のパーキンセラで，N がパーキンセラの細胞核，K はキネトプラスト（ミトコンドリア DNA）．バーは 1 μm．（Ivan Fiala 博士提供）

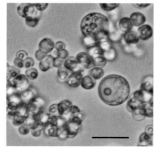 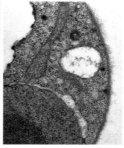

図 2.31　左は培養した大小さまざまなパーキンサス．バーは 20 μm．右は電子顕微鏡で観察した細胞内の様子で，白く抜けているのが「葉緑体のなれの果て」．

(*Perkinsela* sp.）が細胞内に共生していることである（図 2.30）．パーキンセラとの共生によってパラメーバにどんな利益があるのかはあまり明確になっていないが，パラメーバの病原性と関係しているとも考えられている．つまりパラメーバは，パーキンセラと共生することで魚介類に寄生できるようになっているという可能性も考えられるわけだ．

b.　パーキンサス

　カキは世界でもっとも多く養殖されている食用貝類であるが，実は漁獲減少に悩んでいる地域もある．たとえばアメリカ合衆国ヴァージニア州やメリーランド州ではこの 100 年間でカキの漁獲が 100 分の 1 に減少した．その原因の 1 つとされているのがパーキンサス（*Perkinsus marinus* など）で，カキがこの寄生虫に感染すると身がやせ細りやがて死んでしまう．名前は似ているがパーキンセラとは関係がなく，トキソプラズマ（2.1.1 項）やヤコウチュウ（2.8.2 項）と同じ

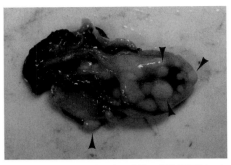

図2.32 卵巣肥大症になったマガキ．矢尻で示すように多数の卵巣が発達している．（伊藤直樹博士提供）

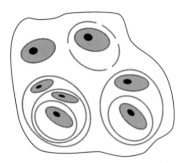

図2.33 パラミクサ類の細胞分裂の模式図．細胞の中に繰り返し細胞が生じて入れ子になった胞子をつくる．

グループ（アルベオラータ Alveolata）で，祖先は光合成をする藻類だったと考えられている．パーキンサスはもちろん光合成をしないのだが，光合成をしていた葉緑体のなれの果てが今も残っていて，細胞内で必要な物質を合成するのに関わっていると考えられている（図2.31）．光合成生物がどのような経緯で寄生虫へと進化したのか，その秘密を握っている生物だともいえるだろう．

c．マルテイリオイデス

西日本のマガキ養殖場ではときどき，産卵期の夏を過ぎても卵巣が残ってブツブツと膨れ上がる「卵巣肥大症」という病気が発生する（図2.32）．その病原体がマルテイリオイデス（*Marteilioides chungmuensis*）で，マガキの卵細胞に寄生して胞子をつくる原生生物である．仮にマルテイリオイデスを食べたとしても健康上の問題はないのだが，見た目も栄養状態も悪くなるため出荷できなくなったりクレームがついたりして，養殖家を悩ませている．マガキの産卵とともに胞

子が散布されるので、マルテイリオイデスはマガキに産卵を続けさせることで自身の子孫を増やす戦略のようだが、その仕組みはまだほとんどわかっていない。マガキからマガキへは直接感染しないので、マガキ以外に仲介する宿主がいると考えられているが、それも見つかっていない。

　この生物はレタリア門（Retaria）アセトスポラ綱（Ascetosporea）パラミクサ目（Paramyxida）に分類されていて、特徴的な細胞分裂を行うことで知られている。それは核分裂の後に一方の核の周囲の小胞体が融合し、その結果母細胞の内に娘細胞が生じるというもの。しかもこれを何回も繰り返して、最終的に入れ子になった多細胞性の胞子が生じる（図2.33）。この不思議な分裂の仕組みもわかっておらず、謎だらけの生物なのである。　　　　　　　　　〔松崎素道〕

文　献

1) 松崎素道：貝類寄生虫パーキンサスの生物学．藻類，**59**，14-16，2011．
2) 小川和夫：原虫病．魚介類の感染症・寄生虫病（江草周三監修），pp.285-337，恒星社厚生閣，2004．
3) Tanifuji, G. *et al.*: Genome sequencing reveals metabolic and cellular interdependence in an amoeba-kinetoplastid symbiosis. *Sci. Rep.*, **7**, 11688, 2017.

Column 7　微　化　石

　微化石とは放散虫，有孔虫，珪藻，円石藻（ハプト藻に含まれる），渦鞭毛藻を含めた海洋自由生活性原生生物（とオストラコーダなどの多細胞動物）の硬殻化石の総称で，大きさは多くのものが1mm以下と非常に小さい（Armstrong and Brasier, 2005）．この微化石は海洋堆積物から多く産出し，たとえば日本のような島弧で普遍的にみられるチャート（珪質泥岩）や，イギリスのドーバー海峡にみられる白亜の壁を構成する石灰岩はおもに微化石からできている．これら微化石は非常によく保存され，放散虫はカンブリア紀（5.4億年前），有孔虫は石炭紀（3.5億年前），珪藻はジュラ紀（1.8億年前），円石藻は古第三紀（6.5千万年前）からの連続的な化石記録をもっている．また，この微化石となる生物は，進化速度が早く，環境の違いに伴って種構成が変化するために，堆積物の時代決定（示準化石）に用いられるだけでなく，過去の環境指標にもなるため（示相化石），古環境を復元するためにも用いられている．とくに，炭酸カルシウムからなる有孔虫の殻は，主成分である酸素の同位体比や微量元素（Mg/Ca比）から過去の氷床量や水温を

復元することが可能である．また，円石藻はアルケノンと呼ばれる有機化合物を合成し，このアルケノンも古水温の復元に利用されている．現在，われわれが知っている過去の環境変動は，これら微化石によって復元されたものである．

〔石谷佳之・土屋正史〕

文　　献

Armstrong, H.A. and Brasier, M.D. : *Microfossils, 2nd Edition*. Blackwell Publishing, 2005.（池谷仙之・鎮西清高訳：微化石の科学，朝倉書店，2007．）

2.8.2 海の中にいるヒトに感染しない原生生物

海の自由生活性原生生物には放散虫，有孔虫，ハプト藻，珪藻，褐藻，渦鞭毛藻，紅藻などがある．これらは総じて空間をうまく利用した生活様式をもっており，利用できる栄養が限られた海洋において，3次元的にすみ分けることによって，その多様性を維持している（図 2.34）．本項ではそれぞれの生物群に着目し，その特徴からそれぞれの魅力に迫りたい．

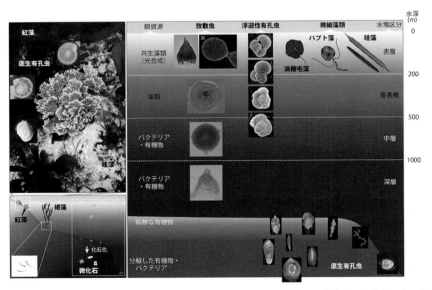

図 2.34　本項で扱う海洋自由生活性原生生物とそれらの分布の概略図．※の放散虫は本文中に出てくるコロダリア目（つぶつぶの1つ1つが放散虫）．

a. 放散虫

放散虫（Radiolaria）はリザリアに属する原生生物の一群（Adl *et al.*, 2012）で，大きさはおよそ数十〜500 µm である．外見的特徴は，①複雑な形態の非晶質シリカ（SiO_2）や硫酸ストロンチウム（$SrSO_4$）の骨格を細胞内に形成する，②細胞膜の内側に中心嚢と呼ばれる有機（キチン質）膜で覆われた構造をもち，その中に核が内封されている，③網状仮足と軸足状仮足の 2 種類をもつという（図 2.35 左），3 点である（Ishitani *et al.*, 2016）．放散虫の骨格は中心嚢を突き破り，核の近傍から放射状もしくは左右相称に伸びており，この外見的特徴が「放散虫」という名前の由来である．網状仮足は細胞表面にみられ，軸足状仮足は中心嚢にみられる穴か，核の近傍に存在する微小管重合中心から細胞表面へ放射状に突出している．放散虫の軸足状仮足は共生させている藻類（共生藻類）を細胞表面に輸送するためや餌の捕獲に用いられる．食胞や共生藻類は中心嚢の外側に位置し，中心嚢を境に細胞内が区画化されている．

放散虫は，熱帯〜寒帯にかけての外洋（水深 200 m 以深の海）に生息する従属栄養性（他の生物を捕食する）プランクトンであり，海洋表層から深層（水深 1000 m 以上）まで水塊ごとに鉛直的にすみ分けている（Anderson, 1983）．海洋表層では共生藻類（おもに渦鞭毛藻類）をもつものが存在し，共生藻類による光合成産物を栄養資源として利用している．光合成に利用される太陽光が届かない海洋亜表層では弱って沈んできた藻類を捕食するものが生息し，海洋中層や深層では深層に運搬される遺骸やバクテリアを栄養資源として利用している．このように栄養資源を分け合うことによって，放散虫は外洋に幅広く分布している（図 2.34）．また，放散虫が細胞内に形成する骨格の比重はそれぞれ 2.2 以上であり，この骨格を重りとして利用して，このような鉛直的すみ分けを可能にしていると考えられている．実際，表層に生息するものは骨格があまり発達しておらず，中には骨格すらもたないものもいる．この骨格をもたないもの（コロダリア目）は貧栄養海域である赤道域の表層に生息し，コロニーを形成し，中に大量の藻類を共生させ，餌の少ない赤道域表層に適応している．赤道域の表層は貧栄養なために外敵との遭遇率も低く，中には 1 m を超えるコロニーを形成するものもおり，赤道域表層のバイオマスの大半を占める（Biard *et al.*, 2016）．

b. 有孔虫

有孔虫もリザリアに属し，前述の放散虫ともっとも近縁な生物群である（Adl *et al.*, 2012）．外見的特徴は，①殻を細胞外に形成する，②殻は房室（チャンバ

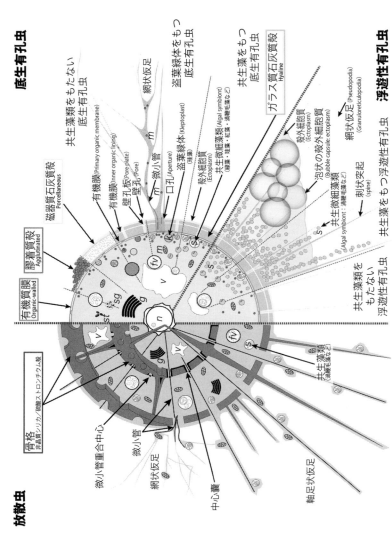

図 2.35 放散虫（左側）と有孔虫（右側）の細胞構造と殻構造の概略図．両者におけるもっとも大きな違いは，内骨格か外骨格かである．細胞内には，核 (n) やミトコンドリア (m)，リボソーム顆粒，ゴルジ体，食胞 (fv)，液胞 (v)，空胞 (g) などがある．微細藻類 (s) や盗葉緑体 (k) をもつ種類もいる．膠質殻や有機質殻をもつ有孔虫には，砂質粒子 (sg) を保持するものや，有機膜を含む有孔虫には，粘土鉱物を含む黒色の粒子（ステルコマータ：st）をもつものがいるが，その役割はよくわかっていない．

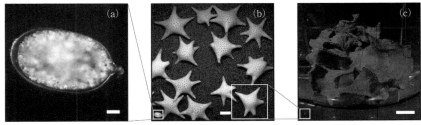

図 2.36 底生有孔虫の大きさと殻の材質の比較．(a) Allogromiid sp. バーは 50 μm．有機膜で覆われており，右側に口孔がある．(b) ホシズナ（*Baculogypsina sphaerulata*）．バーは 500 μm．炭酸カルシウム（ガラス質石灰質）の殻で覆われており，小さな房室（チャンバー）が，螺旋状に旋回して殻をつくる．(c) ゼノフィオフォア（Xenophyophore）の一種．バーは 2 cm．砂質粒子を膠着させて殻をつくる膠着性有孔虫．細胞は黒色の粒子（ステルコマータ：Stercomata）が詰まった黒色の細胞質部位（ステルコメア：Stercomare）と白色の細胞質部位（グラネラ：Granellare）が存在する．

一）からなり，これを付加成長させる，③網状仮足を口孔から伸ばすという（図 2.35 右），3 点である（Armstrong and Brasier, 2005）．有孔虫はさまざまな外殻をもち，有機膜だけのものや，砂質粒子を殻とする膠着質有孔虫，炭酸カルシウムを殻の主成分とする石灰質有孔虫がいる（図 2.36）．後者の殻を構築する場合，炭酸カルシウムの針状結晶を液胞内で成長させ，それを煉瓦の壁のように積みあげるもの（磁器質石灰質）や，炭酸カルシウム結晶を細胞膜表面で成長させるもの（ガラス質石灰質）があり，実体顕微鏡下で色調の違いとして識別できる．大きさは，通常，数十 μm～数 mm であり，まれに 10 数 cm にもなるゼノフィオフォア（Xenophyophore）が深海底にいる（図 2.36 (c)）．ホシズナ（*Baculogypsina sphaerulata*）はもっとも身近な有孔虫で，沖縄などの熱帯から亜熱帯海域には，ホシズナからなる星砂海岸が分布する．

有孔虫には底生と浮遊性の大きく 2 つの生活様式がある．近年の分子系統解析により，それぞれは単系統性を示さず，浮遊性有孔虫は少なくとも 4 回にわたって異なる時代に繰り返し底生有孔虫から進化したことが示されている（Ujiié *et al.* 2008）．両者とも熱帯～寒帯海域に分布し，浮遊性有孔虫は水塊ごとに鉛直的にも棲み分け，また，底生有孔虫は干潟や岩礁地，大陸棚から超深海（マリアナ海溝の 1 万 m）までの分布を示す（図 2.34）．種ごとに環境への耐性は異なり，水温や塩分，溶存酸素量といった環境条件に制限されるが，たとえば，広範囲の溶存酸素環境に生息する種では，微生物との共生によって，貧酸素環境にも適応できるといわれている．また，さまざまな微細藻類種との共生や珪藻由来の盗葉

緑体を保持することも有孔虫の特徴であり，さまざまな光環境・栄養環境にも適応できる．

　底生有孔虫は，海底堆積物内において，堆積物の表層（表在性）と内部（内在性）にすみ分け，それぞれ餌に対する嗜好性も異なる．たとえば，相模湾の水深1200 m 付近では，表在性種は海洋表層で生じた春の植物プランクトンの大増殖（ブルーミング）の後に降り積もった新鮮な有機物を素早く捕食するが，内在性種は分解が進んだ有機物やバクテリアを好む．海洋では水深や水温，炭酸カルシウムの飽和度の違いにより，石灰質殻が溶解する水深（CCD，炭酸塩補償深度）があり，この深度以深では，石灰質殻をもつ有孔虫も極端に生物量を減らし，おもに，有機膜をもつ原始的な形態を有する有孔虫が優占する．この有機膜をもつ有孔虫に形態的に近いグループは，約7億年前の地層から見つかっている．硬い殻をもつ有孔虫が大繁栄する3.5億年前（*Column* 7 参照）以前にも有孔虫とおぼしきものが地球上に現れていたことは，その進化史を紐解く上でも重要な知見を与える．このように，有孔虫はその生息範囲の広さ，生物量の多さから，物質循環に大きく貢献しており，海洋生態系の底辺を支える重要な生物であるといえる．

c.　ハプト藻

　ハプト藻は大きさがおよそ 50 μm 以下で，外見的特徴は，①有機質や炭酸カルシウム質鱗片を細胞外に形成する，②4重膜の葉緑体（紅藻の二次共生，光合成色素としてクロロフィル a，c を含み，黄色）をもつ，③2本の鞭毛の他にハプトネマと呼ばれる，時に細胞の 10 倍にもなる微小管に支えられた糸状の構造をもつ，という3点である．ハプト藻は，淡水から海水にみられ，そのほとんどは光合成を行う独立栄養性であり，一部に混合栄養性の栄養摂取様式をもつ．

d.　珪　藻

　珪藻はストラメノパイルに属し，大きさはおよそ 500 μm 以下である．外見的特徴は，①放射相称，左右対称の非晶質シリカの殻を細胞外に形成する，②4重膜の葉緑体（紅藻の二次共生，光合成色素としてクロロフィル a，c，フコキサンチンを含み，黄褐色）をもち，核は細胞の中心に位置し，そのまわりを発達した液胞が取り囲む，③遊走子と呼ばれる無性世代にのみ鞭毛をもつ，という3点である．

　珪藻は，独立栄養性で淡水から海洋表層に生息しており，浮遊性と固着性の生活様式をもっている．また，細胞外に形成する粘性の高い有基突起を介して群体

を形成したり，細胞の沈降を押さえたりしている．貧栄養の赤道域表層に多くみられるリゾソレニア属（*Rhizosolenia*）は，この粘液繊維で浮力調整し，より富栄養な海洋亜表層と表層を行き来することで，貧栄養な環境に適応している．また，プセウドニッチア属（*Pseudonitzschia*）はドウモイ酸による記憶喪失性貝中毒の原因生物でもある．

e. 褐 藻

褐藻もストラメノパイルに属する海藻の一群である．もっとも巨大なものとしてはオオウキモ（ジャイアントケルプ）が知られており，50 m にも達することがある．細胞の特徴は珪藻と同じく 4 重膜の葉緑体をもち，単相（配偶体）と複相（胞子体）の 2 つの世代がある．ワカメなどではスーパーで市販されている状態が胞子体である．胞子体の基部に胞子嚢が形成され，2 本鞭毛をもつ遊走子が放出され，その遊走子が雌雄別々の配偶体に発達し，それぞれの精子と卵が受精し，胞子体として成長する．

f. 渦鞭毛藻

渦鞭毛藻はアルベオラータに属し，大きさは数 μm～数百 μm である．細胞の外見的特徴は，①横溝で仕切られた上殻と下殻をもつ，②核に常に染色体が存在する，③縦横 2 本鞭毛をもち，1 本は鞭状に後ろにひき，もう 1 本は横溝に巻きつけている，という 3 点である．浮遊性の生活様式をもっており，配置の異なる鞭毛によって，多彩な遊泳が可能となる．3～4 重膜の葉緑体（さまざまな藻類を二次共生，黄褐色や緑色）をもつ．

生態面では，従属栄養性，独立栄養性，寄生性のものが存在する．従属栄養性のものには生物発光を行うヤコウチュウ（*Noctiluca scintillans*）も含まれる．寄生を行うものはさまざまな生物（魚，同じ渦鞭毛藻など）に寄生することが知られている．光合成を行うものは春にブルーミングし，しばしば赤潮を引き起こす．また，褐虫藻（Symbiodinium）は珊瑚や前述の放散虫，有孔虫と共生し，宿主の生存を手助けしている．一方で，渦鞭毛藻は，麻痺性，下痢性，神経性などの貝毒の原因生物でもある．

g. 紅 藻

紅藻はアーケプラスチダに属し，よく知られるものとしてノリ，テングサがある．細胞の外見的特徴は 2 重膜の葉緑体（クロロフィル a，フィコエリトリンを含み，紅色）をもつ．褐藻と同じく，単相（配偶体）と複相（胞子体）の 2 つの世代があり，ノリなどでは一般的にみられるノリの状態が配偶体であり，ワカメ

とは逆である. 〔石谷佳之・土屋正史〕

文　献

1) Adl, M.S., *et al.* : The revised classification of eukaryotes. *J. Eukaryot. Microbiol.*, **59** (5), 429-493, 2012.
2) Anderson, O.R. : *Radiolaria*, Springer, 1983.
3) Armstrong, H. A. and Brasier, M. D. : *Microfossils, 2nd Edition*, Blackwell Publishing, pp. 127-209, 2005.（池谷仙之・鎮西清高訳：微化石の科学, pp. 112-188, 朝倉書店, 2007.）
4) Biard, T., *et al.* : In situ imaging reveals the biomass of giant protists in the global ocean. *Nature*, **532**, 504-507, 2016.
5) Ishitani, Y. *et al.* : Radiolaria. *eLS*, 2016.
6) Ujiié, Y. *et al.* : Molecular evidence for an independent origin of modern triserial planktonic foraminifera from benthic ancestors. *Marine Micropaleontology*, **69**, 334-340, 2008.

***Column 8* 地球全体の光合成**

　地球上の地面で覆われた部分（陸圏）と水面で覆われた部分（水圏）で光合成される二酸化炭素の総量はほぼ同じで，それぞれ炭素量にして年間 50 Pg（ペタグラム）（$=50\times10^{15}$ g）前後と見積もられている．陸圏では草木の青々とした葉が光合成の主役だということは想像に難くない．では水圏，その大半は海洋なのだが，そこでおもに光合成を担っている生物は海藻類，たとえば日本食には欠かせないノリ（紅藻）やコンブ（褐藻）だろうか．答えは"ノー"である．

　海の深さは平均で 3800 m ある．しかし，光合成を行うための太陽の光は最深でも 150 m 程度までしかとどかず，それより下は漆黒の世界である．海底から茎部や葉状体を伸ばして育つ海藻類は，大海原では芽すら出せないだろう．実は，生物が誕生してから現代までの何十億年もの間，水圏の光合成でもっとも重要な役割を果たしてきたのは 0.001～2 mm 程の浮遊性の原生生物（植物プランクトン）なのである．小さいという形態特性は，光合成が可能な場が表層に限られていることに加えて，栄養分の濃度が低いという水圏生態系の物理・化学的特性が選択圧として働いた結果だと考えられる．肉眼ではほとんどみることのできない植物プランクトンが水圏生態系の基盤をなし，地球環境に大きな影響を与えてきているという事実は，見過ごすことができない． 〔杉江恒二〕

文　献

1) 井上　勲：藻類 30 億年の自然史　藻類から見る生物進化・地球・環境　第 2 版，東海大学出版会，2007.
2) 白山義久ほか編：海洋保全生態学，講談社，2012.
3) 谷口　旭監修：海洋プランクトン生態学（佐々木洋ら共編），成山堂書店，2008.

Column 9　レッドリストに掲載されている原生生物

　レッドリスト（Red List, RL）には，絶滅のおそれのある生物種が掲載されている．

　環境省版レッドリスト 2017 の藻類版には，原生生物種も掲載されている．たとえば，紅藻のイシカワモズク（*Batrachospermum atrum*（Hudson）Harv.）は，絶滅危惧 I 類（CR＋EN）として掲載されている．また，原生生物ではないが原核生物のシアノバクテリアであるスイゼンジノリ（*Aphanothece sacrum*（Suringar）Okada）も，絶滅危惧 I 類（CR＋EN）として掲載されている．

　しかしながら，葉緑体をもたない原生生物は 1 種もこの中にはない．環境省の基準では肉眼でみえないものはリストには入れないという原則があるからだ．

　しかし，有殻アメーバであるビワツボカムリ（*Difflugia biwae*）は，日本を代表する葉緑体をもたない原生生物の絶滅危惧種といってもよいのではないだろうか．有殻アメーバの中でも体長も大きく他の種との形態的区別が明瞭である本種は，日本の全国のどこからも発見されていない．古代湖琵琶湖の固有種である可能性の高い本種は，1960 年代の夏期から秋期にかけてはプランクトンネットに豊富に捕獲されていたが，1981 年以降，生きた個体は一切採集されなくなってしまった．1994 年以降は，殻のみが湖底から発見されただけである．なお本種は滋賀県レッドデータブックの「絶滅危惧種」カテゴリーには掲載されている．

〔島野智之〕

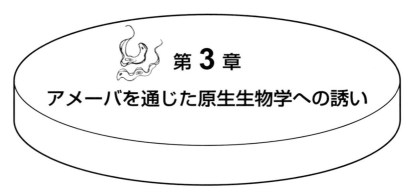

第3章
アメーバを通じた原生生物学への誘い

 3.1 細胞構造の多様性

　これまでみてきたように，原生生物はあらゆる環境に生息しており，その外見もさまざまである．一方で細胞内部の構造もまた種やグループごとに大きな多様性があり，それらの機能は生息環境や生き方に密接に関わっている．それらの多様な構造の機能の成立メカニズムには未だ謎が多く，その理解も重要な研究課題である．本節では第2章では紹介できなかった生き物を通して原生生物の細胞構造の多様性について解説する．

3.1.1 ラビリンチュラ類の外質ネット

　ラビリンチュラ類（labyrinthulid）はおもに海洋中に生息している原生生物で，硫酸多糖からなる鱗片と，外質ネットと呼ばれる仮足に似た構造をもつ（図3.1 (a)）．外質ネットはボスロソームと呼ばれる特別な細胞小器官から放出される（図3.1 (b)）．外質ネットはボスロソームを介して細胞とつながっているため，仮足と同じように細胞の一部である．多くのラビリンチュラ類は外質ネットを通してさまざまな消化酵素を細胞外に分泌し，菌類のように有機物の消化・吸収を行う分解者として知られているが，生きたバクテリアや藻類を捕食したり，植物や貝といったさまざまな生物に寄生したりする仲間も知られている．ラビリンチュラ類の中でもラビリンチュラ属（*Labyrinthula*）の外質ネットは複数のボスロソームから放出され，複雑に枝分かれしたチューブ状の通路を形成し，細胞は外質ネットの中を移動する（図3.1 (c)）．一方ラビリンチュラ類の一群であるヤブレツボカビ類（thraustochytrid）は通路状の外質ネットは形成せず，1

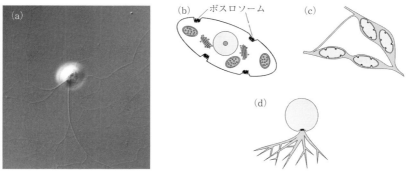

図 3.1 (a) 網状の外質ネットを放出するヤブレツボカビ類（*Aurantiochytrium limacinum*）．(b) ラビリンチュラの細胞構造の模式図．(c) ラビリンチュラの通路状の外質ネット．(d) ヤブレツボカビ類の網状の外質ネット

つのボスロソームから網状の外質ネットを放出する（図 3.1 (d)）．ヤブレツボカビ類は吸収した栄養を油滴として貯蔵する性質があり，そのためオイル生産においても注目されている．

3.1.2 ハプト藻のハプトネマ

ハプト藻類（haptophyte）はおもに海洋に生息する原生生物で，とくに外洋で繁栄しているグループである（図 3.2 (a)）．ハプト藻類はハプトネマと呼ばれる特有の構造をもつ．ハプトネマは 2 本の鞭毛の間にある糸状の構造で，環状または C 字状に並んだ 6〜7 本の微小管とそれを取り囲んだ網目状の小胞体からなる（図 3.2 (b)）．ハプトネマはプリムネシウム類（Prymnesiales）でとくに発達しており，体長に対して 10 倍以上の長さに達するものもいる．ハプトネマは顕微鏡で観察すると一見鞭毛のようだが，鞭毛にみられないようなさまざまな運動が観察されている．ハプトネマは障害物に触れると一瞬でコイル状に巻きとられる（図 3.2 (c)）．これはコイリングと呼ばれる．ハプト藻類の鞭毛はコイリングと同時に運動が逆転し，細胞は後退する．このことからハプトネマは障害物を回避するために用いられていると考えられている．またハプトネマは捕食にも使われる．ハプト藻類はバクテリアなどの餌粒子をハプトネマで捕らえて集めることで塊をつくり，細胞後方にある食胞に送りこむ（図 3.2 (d)）．さらにハプトネマは基質への付着や滑走運動のためにも用いられることが知られている．

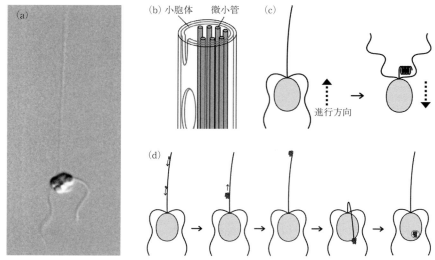

図3.2 (a) ハプト藻（*Chrysochromulina* sp.）のハプトネマ．(b) ハプトネマの内部構造．(c) ハプトネマのコイリング．(d) ハプトネマによる捕食

3.1.3 メテオラの腕

メテオラ（*Meteora sporadica*）は，2002年に地中海の深海の堆積物から初めて報告された小型のアメーバ状原生生物で，円形の細胞の前後左右に突起をもち，左右の腕のような突起を振り回しながら移動する（図3.3 (a)）．この腕振り運動は餌の少ない環境でバクテリアなどの餌を捕食するのに役立っていると考えられている．腕は1秒間に約1回の速度で振られ，左右の動きはとくに同調しない（図3.3 (b)）．メテオラの腕は細胞中心の一点を軸にして動いており，一

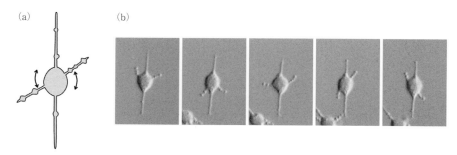

図3.3 (a) メテオラの細胞の模式図．(b) 腕振り運動をするメテオラの光学顕微鏡写真

般的な鞭毛や仮足の運動とは大きく異なる．残念ながらメテオラについての研究は初めて発見されたときに行われた光学顕微鏡観察のみであり，腕の構造や動きのしくみは未解明である．しかし筆者らは，最近宮古島の港の底泥からメテオラを再発見し観察することができた．われわれがこれまでに行った微細構造の観察では，腕の内部や動きの起点となる細胞の中心では，鞭毛や仮足とは異なり，無数の微小管が複雑に入り組んだ構造をとっていることが明らかになった．今後のさらなる観察によってメテオラの腕振り運動の仕組みが明らかになると期待される．

3.1.4 原生生物の目

単細胞の原生生物にもわれわれの目のように光を感じる器官がある．ヒトの目は角膜，水晶体，網膜といったさまざまな構造からなり，それぞれの構造は無数の細胞から構成されている．対して原生生物の多くは，光受容体とそれに隣接する赤色の眼点と呼ばれる色素からなる単純な構造の目をもつ（図3.4（a）．

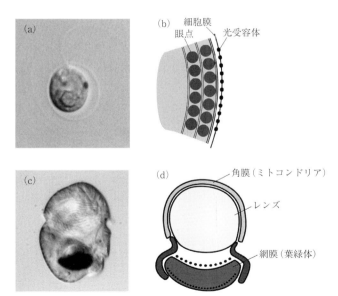

図 3.4 （a）クラミドモナス（*Chlamydomonas* sp.）の光学顕微鏡写真．細胞右側の濃い点が眼点．（b）クラミドモナスの光受容装置の模式図．（c）モリメダマムシ（*Nematodinium armatum*）の光学顕微鏡写真．細胞中央下部にあるのがオセロイド（写真提供：中山剛氏）．（d）オセロイドの模式図

(b)).眼点は光受容体に向かう特定の方向からの光を遮ることで,光の方向を感知できるようにするはたらきがある.眼点は光が生存に重要な光合成性の原生生物の多くでみられるが,非光合成性の原生生物の一部も眼点を有する.また眼点をもたない原生生物の多くも光に反応を示すことが知られている.一方でワルノヴィア科(Warnowiaceae)渦鞭毛藻にはオセロイドと呼ばれる極めて巨大な目をもつ種が存在する(図3.4 (c)).驚くべきことにオセロイドは角膜,レンズ,網膜を備えており,像を結ぶこともできると考えられている.最近の研究によって,オセロイドの角膜はミトコンドリア,網膜は葉緑体がそれぞれ変化したものであることが明らかになった(図3.4 (d)).ワルノヴィア科渦鞭毛藻は光合成を行わず,他の原生生物を捕食することが知られている.そのためオセロイドは獲物を視認するために用いられると考えられている.

3.1.5 射 出 装 置

射出装置(放出体,エクストルソーム)は細胞膜直下に位置し,刺激によって内容物を細胞外に放出する細胞小器官の総称である.多くの原生生物がさまざまな種類の射出装置をもっており(図3.5 (a)),これらは捕食,捕食者に対する防御,休眠細胞の形成などに使われていると考えられている.たとえば太陽虫では放射状に伸びた有軸仮足に多くの射出装置が配置されているが,これらは内容物を放出することで獲物を有軸仮足に接着させると考えられている(図3.5 (b),(c)).また,クリプト藻類(cryptophyte)の射出装置にはコイル状に巻きとられたリボン状の構造が含まれており,リボンは放出される際に針状に伸長する(図3.5 (d),(e),(f)).クリプト藻類は射出装置が放出される際の反動によって捕食者を回避すると考えられている.また渦鞭毛藻のポリクリコス(*Polykrikos kofoidii*)は銛のような射出装置をもつ(図3.5 (g),(h)).射出装置の内部には針とそれにつながった糸が含まれており,さらに射出装置の後端も糸状の構造でポリクリコスとつながっている.ポリクリコスは射出装置が刺さった獲物をたぐり寄せて捕食を行う(図3.5 (i)).　　　　　　　　〔白鳥峻志〕

3.1 細胞構造の多様性

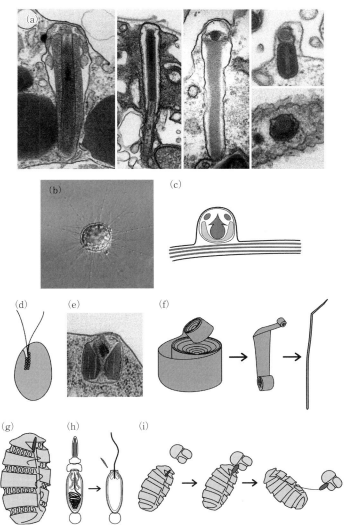

図 3.5 (a) さまざまな射出装置の透過型電子顕微鏡写真（左：*Rhabdamoeba marina*，左から 2 番目：*Ventrifissura* sp.，右から 2 番目：*Esquamula lacrimiformis*，右上：*Trachyrhizium urniformis*，右下：*Discocelis* sp.）．(b) 有中心粒太陽虫（*Marophrys* sp.）の光学顕微鏡写真．(c) 有中心粒太陽虫（*Heterophrys marina*）の射出装置の模式図．(d) クリプト藻の細胞の模式図．(e) クリプト藻（*Hemiarma marina*）の射出装置の透過型電子顕微鏡写真．(f) クリプト藻の射出装置が展開される様子の模式図．(g) ポリクリコス（*Polykrikos kofoidii*）の細胞の模式図．(h) ポリクリコスの射出装置の模式図．(i) ポリクリコスが獲物に射出装置を打ちこむ様子の模式図

Column 10　**教材としての原生生物**

　一見すると目立たない原生生物であるが,「生命」や「環境」を学習する上で有用として,これまでにさまざまな教材が学校教員や研究者の手によって生み出されてきた.

　原生生物が有用とされる最大の理由は,その形態的・生態的多様性の豊かさである.本書でも第2章を中心に紹介されてきた通り,アメーバに限定しても細胞がもつ特徴や生活様式は十人十色であり,ましてや原生生物全体となると,地球上のあらゆる環境に,多様な特徴を備えた生物たちが溢れんばかりに暮らしている.つまり,気になる水をペットボトル1本分ほどすくいとり,コーヒーフィルターなどで軽く濃縮して顕微鏡で観察する,ただそれだけの操作で,動物園や水族館で展示されている生き物たちに勝るとも劣らない多様な生物たちによる多彩な生き様を体感できるのである.また,赤潮などの環境問題,食物網や水質改善などに関与する原生生物も多く,それらを体感的に学ぶ上でも有用である.

　教科書などで馴染みのあるいくつかの種において培養法が確立され,低コストかつ簡単な設備で増やすことが可能な点も,とくに学校教育現場では重宝される.特定の生物が必要な場合は研究機関などの分譲サービスが利用できるうえ,本書のように,学校教員や生徒が気軽に活用できる書籍が次々に発刊されるなど,サポート態勢の構築も進んでいる.本書との出会いを機に,読者の皆様にも是非,原生生物を人生の後輩たちに指導する際の教材としてご活用いただきたい(詳細は末友(2013, 2014)を参照すること).

〔末友靖隆〕

文　　献

1) 末友靖隆編著：日本の海産プランクトン図鑑　第2版（岩国市ミクロ生物館監修），共立出版，2013.
2) 末友靖隆：身近な原生生物を用いた生命・環境教育. 原生生物フロンティア その生物学と工学（洲崎敏伸編），pp. 115-130，化学同人，2014.

 ## 3.2　原生生物の系統分岐関係

　われわれは自然界で観察できる生き物を「動くもの」を動物,「動かないもの」を植物と対比し単純化しがちである.これは現代に限ったことではなく,科学が発達する以前から人類は直感的に生物を動物と植物に分類し認識してきた.しか

3.2 原生生物の系統分岐関係　　　99

し本書でみてきたように，動物と植物だけでなく，もっと多様な生物が自然界の中で息づいているのがわかってきたと思う．この節では，これまで認識されてきた真核生物の分類と系統観の変遷について原生生物を中心に概説したい．

3.2.1　人間とシイタケが親戚どうし

　顕微鏡技術の発展と DNA データの蓄積による分子系統解析の結果，動物が単一の祖先から進化した子孫（単系統群）であり，植物・真菌類・アメーバ類およびバクテリアとはまったく異なる非常によくまとまった生物群であることが，人の直感ではなく科学データとして示された．1989 年には，動物と真菌が近縁であるという仮説が提唱され，この動物と真菌をまとめたグループがオピストコンタと呼ばれるようになった．つまりわれわれ人間とシイタケが親戚どうしであるということである．「動くもの」イコール「動物」に対して，「動かない」ことから植物的とされてきた真菌が動物と近縁であるという仮説は科学者の間でも衝撃的であったことが容易に想像できる．この仮説はさまざまな研究により検証された．とくに「分子系統学」と呼ばれる DNA 配列を種間で比較解析し生物の進化系統関係を推論する分野の進歩，コンピュータの解析技術の向上とマシンパワーの増大により，多くの生物間での統計的計算が可能となった．その結果，さまざまな真核生物間の詳細な系統分岐関係が明らかとなり，オピストコンタ仮説は現在ではほぼ確定した事実として受け入れられている．さらに動物にもっとも近縁な原生生物として立襟鞭毛虫（Choanoflagellatea），イクチオスポレア（Ichthyosporea）やコラロキトリウム（*Corallochytrium*）などの単細胞生物があげられ，こちらはオピストコンタの進化の早い時期に分岐したようである（3.7 節参照）．真菌類に近縁な原生生物はヌクレアリア（*Nuclearia*）やフォンティキュラ（*Fonticula*）といったアメーバ状生物である．また近年では，アプソゾア（Apusozoa）やブレビアータ（*Breviata*）と呼ばれる所属が不明な原生生物類がオピストコンタの遠い親戚である可能性も示唆されている．

3.2.2　キャバリエ＝スミスによる八界説

　動くものイコール動物という一般的な認識に対して，動かず光合成を行う生き物はまとめて植物と呼ばれていた．1982 年のリン・マーギュリスによる修正五界説，そして 1987 年のトーマス・キャバリエ＝スミスによる八界説の提唱により，葉緑体をもっているからといって同じ系統であるとはいえないことが示され

てきた．この八界説ではこの植物界を光合成による一次生産を行う3つの分類
群，緑色植物（緑藻類と陸上植物），紅藻，灰色藻に制限した．この植物界は，
共通祖先にあたる生物がシアノバクテリアを細胞内に取りこみ共生関係を築くこ
と（一次共生）により葉緑体獲得を成し遂げた一大生物群であり，現在ではアー
ケプラスチダと呼ばれている．その他の葉緑体をもつ生き物，たとえば褐藻やク
リプト藻は，アーケプラスチダのある種を取りこむ二次共生により葉緑体を獲得
した生物群であり，宿主となった生き物はアーケプラスチダとは祖先が異なるた
め，この植物界からは除外された．近年のゲノム情報を用いた系統解析では，ア
ーケプラスチダの系統群の正当性にも疑問が投げかけられており，このスーパー
グループの系統進化関係の解明は今後の詳細な研究結果が待たれている．

　このキャバリエ＝スミスによる八界説以前は，動物・植物・菌類以外の雑多な
真核生物はまとめて原生生物という分類群にまとめられてきた．つまり，よくわ
からないという理由ですべて押しこめてしまう「ゴミ箱生物群」である．キャバ
リエ＝スミスは1987年にこのゴミ箱生物群である原生生物にとくに注目し，原
生生物界をクロミスタ界，アーケゾア界，原生動物界に三分した．

3.2.3　SARとは

　クロミスタ界とは紅藻からの二次共生による葉緑体をもつ3群，ストラメノパ
イル，ハプト藻，クリプト藻が含まれる．これらの3群にはクロロフィルaとク
ロロフィルcおよび4重の葉緑体膜をもつ藻類と，これらに近縁で葉緑体をもた
ない従属栄養性の生物が含まれている．その後1991年には，紅藻からの二次共
生による葉緑体をもつアルベオラータ生物群（渦鞭毛藻など）もこのクロミスタ
に近縁であることが示唆され，クロムアルベオラータ生物群として提唱された．
しかし後にこの仮説は否定され，現在の合意分類体系ではない．近年の分子系統
解析では，とくにストラメノパイルやアルベオラータはハプト藻，クリプト藻と
単系統群を形成せず，かわりにリザリアがストラメノパイルとアルベオラータと
祖先をともにすることがわかってきた．この近年認識され始めたグループは
SARと呼ばれている．このスーパーグループの呼称は3つの巨大生物群（スト
ラメノパイル Stramenopiles，アルベオラータ Alveolata，リザリア Rhizaria）
の頭文字の組み合わせとして提唱されたものである．3つの系統群はそれぞれが
真核生物の主要な巨大生物群であり，形態も生活様式も異なる3群が近縁となる
正当性は分子系統学の成果である．アルベオラータとストラメノパイルが兄弟ど

うし（単系統群）であり，リザリアは遠い親戚にあたる（初期に分岐する）.

ハプト藻，クリプト藻は現在でもそれぞれが系統関係の不明なグループであるが，クリプト藻がアーケプラスチダの親戚である可能性も示唆されている.

3.2.4 祖先型真核生物アーケゾア？

真核生物は核をもつことだけではなく，ミトコンドリアをもつことも重要な特徴としてあげられる．ミトコンドリアは α プロテオバクテリアと呼ばれる原核生物に由来している（3.4 節参照）．しかし，進化のどの時点でこの共生が起こったのかについてははっきりとはわかっていない．面白いことに，原生生物の中にはミトコンドリアをもたない生物が知られている．八界説が発表された頃の初期の分子系統学的研究では，これらのミトコンドリアをもたない 4 群（ランブル鞭毛虫，微胞子虫，トリコモナス，赤痢アメーバ）が真核生物の初期に分岐することが示されていたため，真核生物が α プロテオバクテリアからの共生によるミトコンドリア獲得以前の，初期の真核生物であるとしてアーケゾア（原始動物の意）と呼ばれるようになった.

しかし，現在ではこのアーケゾア仮説は否定されている．その理由として，

1．初期の分子系統解析では解析手法の誤差（アーティファクト）により，これらアーケゾア生物が真核生物の初期に分岐するような結果が推定されたことが明らかとなった．後の詳細な系統解析ではこれら 4 群は近縁ではなく，別々の分類群に属すること，そして 4 群それぞれがミトコンドリアをもつ生物を祖先とすることが示された．つまりこれら 4 群は二次的にミトコンドリアを失ったということである.

2．これらのアーケゾア生物から退化型のミトコンドリアがみつかった．この退化型のミトコンドリアは，トリコモナスで見つかったハイドロゲノソームやランブル鞭毛虫で見つかったマイトソームである（3.4 節参照）.

3．これらのアーケゾア生物の核ゲノムからミトコンドリア関連遺伝子が見つかった.

以上のことから，これまで報告されているすべての真核生物は，ミトコンドリアを獲得した共通祖先に由来すると考えられている．現在ではこのアーケゾアに分類された生物の系統分類学的な所属が明らかとなり，ランブル鞭毛虫とトリコモナスはエクスカバータのメタモナダに，微胞子虫はオピストコンタの真菌に，赤痢アメーバはアメーボゾアに属する.

エクスカバータと呼ばれるスーパーグループには，酸素量の少ない（嫌気的な）環境に生息し，典型的なミトコンドリアによる酸素を使ったエネルギー生成は行わない生物が多い．それゆえ通常の真核生物とは異なる型のミトコンドリアを進化させた．ランブル鞭毛虫とトリコモナスも含め，異なる型のミトコンドリアをもつ生物の多数がこのエクスカバータに分類されている．以前のアーケゾア生物だけではなく，原生動物界に分類されていたミドリムシやトリパノソーマもこのエクスカバータに含められている．現在エクスカバータにはメタモナダ，ディスコーバ，マラウィモナスが属する．このエクスカバータを構成するこれら分類群ごとの単系統性は支持されるものの，相互の進化的位置関係は不明なままである．とくにマラウィモナスは１属１種のみの好気性鞭毛虫であり，形態的には典型的なエクスカバータ型細胞様式をもつものの，分子系統解析の結果はエクスカバータ内どころか，真核生物内での進化的位置づけも不明なままである．

エクスカバータは，複雑化した微小管性細胞骨格構造に支持された，捕食に関わる大きな溝を腹側にもつことを特徴とする生物群である．通常の真核生物と同じようなミトコンドリアをもたないということから真核生物の祖先型であるとの事実は否定されたものの，エクスカバータはその形態的特徴および分子データから，真核生物の初期進化の歴史を解明する上で重要な生物群として認識されている．原生生物の多様性に関する研究は未だ十分でなく，ミトコンドリアを獲得する以前の「真のアーケゾア」が見つかってくる可能性はわずかながら残されていると筆者は考えている．

3.2.5 現在の真核生物の系統分類関係

キャバリエ＝スミスによる八界説で新たに提唱された原生動物界は，それ以前の原生生物界の「ゴミ箱生物群」とコンセプトは同じで雑多な生物の寄せ集めである．この原生動物界に含まれていた生物は近年の分類学的な整理整頓の結果，別々の生物群に分散して分類されている．たとえば立襟鞭毛虫はオピストコンタに，ミドリムシやトリパノソーマはエクスカバータのディスコーバに，マラリア原虫や繊毛虫は SAR のアルベオラータに，放散虫は SAR のリザリアに，という具合である．

2012 年に国際原生生物学会（ISOP：International Society of Protistologists）により真核生物の分類体系が示され，現在の合意分類体系として扱われている．近年まで広く受け入れられてきたホイタッカーによる五界説と呼ばれる生物分類

体系やキャバリエ=スミスによる八界説で使われてきた，真核生物の分類群としての界（kingdom）は使われなくなっており，界よりさらに上位の分類群として扱われるスーパーグループ（supergroup）が広く使われるようになっている．現在，真核生物には5つのスーパーグループおよび多数の系統関係の不明な生物群が認識されている．このスーパーグループとはアメーボゾア・オピストコンタ・アーケプラスチダ・SAR・エクスカバータの5分類群である．五界説での原生生物，八界説での原生動物としてまとめられていた生物群は，すべてのスーパーグループおよび系統関係の不明な生物群に分散して再分類されている．ただし原生生物という名称は現在の分類体系の中には認められないが，「動物にも，陸上植物にも，菌類にも属さない真核生物」をまとめる名称として現在でも一般的に使われている．

おもにDNAの塩基配列データの蓄積により，真核生物分類群の再編集が進み大系統群の大まかな真核生物像がみえてきた．今後に残された真核生物多様性研究の中心課題は，それぞれの大系統群がどのような系統分岐関係にあるのかである．大系統群どうしの系譜の調べが進む過程で，真核生物の祖先細胞がどのような生き物であったのか，葉緑体やミトコンドリアの起源とそれらの宿主になった細胞，そしてこれら細胞小器官の進化などが解明されていくことが期待される．

〔雪吹直史〕

3.3 原生生物の進化を駆動するメカニズム

これまで読んでいただいた読者の方には，原生生物が形態的にも系統的にも多様であることを理解していただけたかと思う．これらの原生生物がどのような進化を経て現在の姿になったのかを理解することは生物学上の重要な課題であり，多くの研究者がその解明に取り組んでいる．第1章で述べた通り，すべての原生生物はリーカから枝分かれ，進化してきた．いろいろなことが要因となり，原生生物たちの姿形，そして性質の変化が引き起こされてきたわけであるが，その進化を駆動するメカニズムの理解は原生生物研究の要でもある．本節では，原生生物が進化する「メカニズム」について説明する．

3.3.1 原生生物でもみられる一般的な進化メカニズム

　読者のみなさんはきっとそれなりに生物学に興味をもっている方々だと推察する．なので，動物のキリンの首が長くなった理由などはこれまでに聞いたことがあると思う．ここではキリンの話は詳しく述べないが，これは適者生存・自然選択の結果だと説明されている．この現在広く受け入れられている進化の原則が，原生生物の世界でもそのまま当てはまるかというと必ずしもそうではない．種にもよるが，原生生物が生息している環境は変動が激しい．大雨の後で一時的にできた森の中の水溜りは，いずれ乾燥してしまうし，池なども季節によって水温や光の量などが激しく変化する．その激変する環境の中でその都度その環境に適した原生生物が増殖しているのであり，変化した環境が原生生物にとって適したものでなければ，死滅するかシストとなって耐え忍んでいるのである．そのかわりに，その変化した環境を好む別の原生生物が増殖してくるのである．原生生物が住む世界は環境の変動が激しい上に，原生生物の世代時間（分裂から分裂までの期間）が短い．そのため，ちょっとした環境の変化であっても，その環境に適した別の原生生物があっという間に増殖し，環境中を優占する種が入れ替わったりしてしまうのである．なので原生生物の世界では，環境により適応したものが競争を勝ち抜いて集団内に固定されていくという中長期的な進化プロセスは起こりにくいと考えられる．

　その一方で，環境変化や競争が要因となって形態的な変化が引き起こされることもわずかながら知られている．緑藻の一種では，捕食者であるミジンコが存在すると細胞表面にある突起の数が増えたり，より大きなコロニーを形成したりするようになることが知られている．この変化は一過性のものであるが，ずっとミジンコがいる環境といない環境では，緑藻の形態が異なっていることになる．この形態的な違いが蓄積され不可逆的なものとなれば，原生生物が形態的に進化したといえるのであろう．また，物理的な隔たりによって集団が隔離され進化が進むことも知られている．約1〜7万年前の最終氷期の時代，日本海は海水面の低下に伴い，オホーツク海・東シナ海とは分断されていた．その結果，日本海に住んでいた生物はオホーツク海・東シナ海から隔離されてしまい，独自の進化を歩むことになる．これは原生生物に限った話ではないのだが，一部の有孔虫（2.8.2項参照）ではその結果として太平洋側と日本海側で遺伝的に異なる集団が形成され，その分断された集団は現在でも維持されている（Tsuchiya *et al.* 2014）．この場合，明確な形態の違いがなく隔離による同種内での遺伝的に異な

3.3 原生生物の進化を駆動するメカニズム　　*105*

る集団の形成と解釈されているが，原生生物でも分断・隔離によって進化が起こることを示す例だと言える．

3.3.2　原生生物ならではのユニークな進化メカニズム①：細胞内共生

　今更言うまでもないが，原生生物は単細胞の生物である．この単細胞であるということは，原生生物ならではのユニークな進化を引き起こす重要な要因でもある．われわれヒトは多細胞生物であり，われわれの次世代は卵子と精子の融合によって初めて誕生する．卵子は卵巣で，精子は精巣で，それぞれつくられる．つまり，次世代が担う情報のすべては卵巣と精巣に由来している．手の細胞になんらかの変異（たとえば，ゲノム情報の変化や細菌による感染）が起きたとしても，基本的には精子や卵子になんら影響はない．そのため，次世代には何の影響も及ぼさない．風邪をひいているときは，のどなどの細胞がウィルスに侵されているわけであるが，精子や卵子まで風邪ウィルスに冒されているわけではない．だが単細胞で分裂によって増殖する原生生物だと，その個体に生じた変化はそのままダイレクトに次世代に伝わってしまう．感染した細菌もまた次世代にそのまま引き継がれてしまう．意外に思われるかもしれないが，細菌に感染している原生生物というのはかなり高い割合で存在している（2.2.1 項参照）．感染していても増殖に影響がないようにみえるものもあったりして，感染なのか共生なのか区別がつかない場合も多い．感染あるいは共生している細菌の役割も，重要な研究テーマであり，その解明に取り組まれている研究者も多い．この感染あるいは共生は，長い時間スケールでみると進化を駆動させる重要な要因となることが知られている．

　共生には symbiosis と symbiogenesis という 2 つの言葉がある．symbiosis はシンプルな共生を指し，たとえばイソギンチャクとカクレクマノミの共生や，サンゴと渦鞭毛藻の共生などである．渦鞭毛藻の一種はサンゴの細胞の中で生きているが，無理やり外に出しても生きていける（場合もある）．またサンゴも細胞内に渦鞭毛藻を有しているとはいえ，基本的な動物細胞の構造から逸脱してはいない．その一方で，symbiogenesis とは，シンプルな共生関係を超えた細胞どうしの統廃合を含んだ関係性を指す．3.4 節，3.5 節で説明するが，ミトコンドリアや葉緑体ももともとは別個の独立した生物であった．しかしそれらの生物は，進化の過程で取りこんだ細胞の一部となってしまい，もはや細胞から無理やり取り出しても単独では生きていけない．また取りこんだ細胞も，現在ではミトコン

ドリア，および葉緑体をもった細胞として一体となり機能しているので，突然その機能が失われたら生きていけない．もともと別々であった生物は，現在では1つの細胞の中で機能も構造としても統合されており，お互いに依存しているのである．このような symbiogenesis は真核生物進化の中で複数回起きており，それぞれ大規模な細胞の改変を伴う重要な進化イベントと認識されている（3.4節，3.5節参照）．重要なことは，細胞が統廃合される過程で，細胞内の膜構造や細胞骨格構造の変化などの大規模な改変・進化が起こるということである．この進化は，長い時間をかけながら進行していき，またその過程では系統ごとの違いなども生じる．その結果として，現在認識される原生生物の驚くべき多様性が生まれたのである．

3.3.3 原生生物ならではのユニークな進化メカニズム②：遺伝子の水平伝搬

ゲノム情報は親世代から子世代へ，縦方向に有性生殖であろうと無性生殖であろうと引き継がれていく．これは生命の大原則である．であるが，それがすべてではない．ゲノムの一部，あるいは遺伝子というのは時に，別の生物から別の生物へと飛び移ることが知られている．これを遺伝子の水平伝搬（LGT：lateral gene transfer）と呼ぶ．symbiogenesis の過程でも，共生者から宿主の方へとゲノム情報や遺伝子が移動することが知られており，この過程はとくに endosymbiotic gene transfer（EGT，共生に伴う遺伝子の水平伝搬）と呼ばれる．だが，このゲノムや遺伝子の移動は共生関係になくても起こる．捕食性の原生生物が食べた餌生物のゲノム情報が捕食した原生生物の核に移ったりするのである．この水平伝搬の詳細なメカニズムについては未だ明らかになっていないが，これによって新しい生物機能が付加されることは知られている．たとえば，酸素がない環境に生息している嫌気性原生生物の多くは，その環境に適応するための複数の遺伝子（好気呼吸に頼らずエネルギーを生産する反応に関わる酵素など）をもっているが，それらは水平伝搬によって他の嫌気性生物から獲得されたと考えられている．水平伝搬そのものは原生生物に限った現象ではないが，動物などの場合は卵子や精子をつくる細胞に水平伝搬が起こらないとその情報は次世代へと引き継がれないため，なかなか進化の駆動力とはなりにくい．しかし原生生物では，水平伝搬が起こるとその影響がすぐに個体レベルで発揮されるということもあり，進化の駆動力となると考えられる． 〔矢吹彬憲〕

文　献

Tsuchiya, M. and Takahara, K., *et al.*: How Has Foraminiferal Genetic Diversity Developed? A Case Study of *Planoglabratella opercularis* and the Species Concept Inferred from Its Ecology, Distribution, Genetics, and Breeding Behavior. *Approaches to Study Living Foraminifera*, pp. 133-162, Springer Japan, 2014.

 ## 3.4　ミトコンドリアの起源・進化

3.4.1　ミトコンドリアとは何か

　ミトコンドリアとは，真核生物だけにみられる細胞小器官の1つであり，外膜と内膜の脂質二重膜で囲まれた構造体である．しかし単なる2枚の膜に隔てられた袋のような形態ではない．内膜は非常に複雑にくびれ，クリステと呼ばれる構造を形成している（図3.6）．ミトコンドリアの内膜には，酸素を使ってエネルギーを産生する仕組みが備わっており，エネルギー産生に関わるタンパク質の構造がクリステ構造の形成に関わることが指摘されている．また，クリステ構造を形成することで，エネルギー代謝に重要な物質を拡散させないという役割を担っている．このクリステ構造は，ヒトや他の動物は平板な構造をもつ．しかしなが

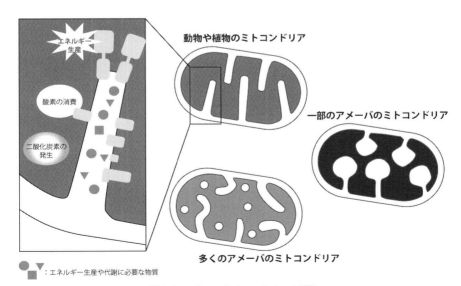

図 3.6　ミトコンドリアのクリステ構造

ら，真核生物すべての系統で同様のクリステ構造をもつわけではない．クリステ構造は大きく分けて3種類ある．ヒトや他の動物における平板な構造に加え，アメーバや多くの原生生物におけるクリステは管状の形態をしている．また，一部の原生生物はうちわ状のクリステをもっている．似たような構造をしたクリステをもつ生物が必ずしも近縁ではない．

ミトコンドリアは，真核生物の生存に必要なエネルギーを生み出す"発電所"として有名かもしれない．事実，ミトコンドリアとは酸素呼吸の場であり，糖を二酸化炭素にまで分解し，その結果としてエネルギーをつくり出す．ミトコンドリアにおけるエネルギー生産のため，われわれは食事をし，息を吸うことで酸素を取りこみ，二酸化炭素を吐き出す必要がある．しかし，ミトコンドリアでは，タンパク質合成，アミノ酸・核酸代謝，脂肪酸分解，脂質・キノン・ステロール合成，鉄-硫黄クラスター合成，アポトーシスなど，種々の決定的に重要な生化学的プロセスに関わる1000個以上のタンパク質が働いている．これらのタンパク質のほとんどは核ゲノムにその遺伝子があって，細胞質でタンパク質合成が行われた後，ミトコンドリアに輸送される．すなわち，ミトコンドリアとは，生命活動に重要な代謝ネットワークとそれを担うさまざまなタンパク質が局在する場であるため，ある代表的な機能1つを取りあげてミトコンドリアを説明することは非常に難しいのである．

3.4.2 何がミトコンドリアとなったのか

真核生物はどのように誕生したのか——これは真核生物であるわれわれヒトが地球上に繁栄する最初の一歩を理解する上で大事な問いである．ミトコンドリアは真核生物細胞の生命活動に重要な細胞小器官であるが，真核生物が自らつくり出したものではなく，細胞内の共生細菌から進化したものである．あまり知られていないが，20世紀初頭までには，このアイデアはさまざまな国の研究者から提唱されていた（Archibald, 2014）．このアイデアを世界中に広めたのがマーギュリス（第1章参照）である．彼女はミトコンドリアや葉緑体のみならず，動き回るための鞭毛も共生細菌由来であるという壮大な仮説を提唱した（Sagan, 1967）．彼女の仮説は当初かなり大きな論争を生んだが，結果的に多くの研究者が仮説の反証や支持のために研究に打ち込むことで，真核生物進化に関する理解が深化することとなった．鞭毛が細菌由来であるという説は（今日も含めて）受け入れられなかったが，1970年代後半から1980年代初頭にかけて行われた遺伝

子とタンパク質の進化学的解析から，ミトコンドリアや葉緑体が細菌を起源にもつことが確認された．さらにデータが蓄積し解析手法が発展した現在では，ミトコンドリアは α プロテオバクテリアと呼ばれる細菌から進化したと考えられている．α プロテオバクテリアは，ヒトを死に至らしめる病原菌や酸素をつくらない光合成を行う細菌（非酸素発生型光合成細菌）を含むことで有名である．

　ゲノム解析の結果から，リケッチア科のような細胞内寄生性 α プロテオバクテリアがミトコンドリアの起源となったとする説がある．しかし論争は続いていて，ミトコンドリアの起源は寄生性ではなく，非酸素発生型光合成細菌であったとする説も提唱されている．自由生活性 α プロテオバクテリアにも，内膜がくびれることで形成される比較的複雑な内膜構造をもつ種が多く存在する．ミトコンドリアのクリステ構造を形成する上で重要なタンパク質と同じ働きをするものが α プロテオバクテリアからも見つかっており，クリステ構造は起源となった α プロテオバクテリアから受け継いだものかもしれない．

3.4.3　自由生活性細菌から細胞小器官に至るまで

　細胞内共生の始まりにおけるプロセスには非常に多くの仮説が提唱されているが，ここでは2つの比較的メジャーな（真実に近いという意味ではない）仮説を紹介する．1つ目はミトコンドリアをもたない祖先的真核生物の存在を前提とした仮説である．この仮説では，古細菌細胞が進化の過程で現在の真核生物細胞にみられるような核や捕食能などを獲得した．その後，捕食を介して α プロテオバクテリアを細胞内に取りこみ，消化を免れた細菌細胞が細胞内共生細菌として生き残った．結果的に細胞内共生細菌はエネルギーを供与する細胞小器官へと進化した．一方，水素仮説（Hydrogen hypothesis）と呼ばれるシナリオでは，前述のようなミトコンドリアをもたない真核生物様細胞は登場しない．主役である生物はどちらも原核生物であり，真核生物細胞はミトコンドリアの獲得とほぼ同時期に誕生したとされている．この仮説によると，ミトコンドリアの起源となった α プロテオバクテリアとある種の古細菌は，水素や二酸化炭素といった物質のやりとりを介した細胞「外」共生の関係にあった．その後，捕食ではない「何か」によって α プロテオバクテリアが細胞内に入りこみ，ミトコンドリアへと進化していった．ミトコンドリアへの進化と同調するように核が生まれ，現在のような真核生物細胞が誕生した（図3.7）（Martin and Muller, 1998）．

　細胞内共生の始まりがどのような性質のものであったとしても，後にミトコン

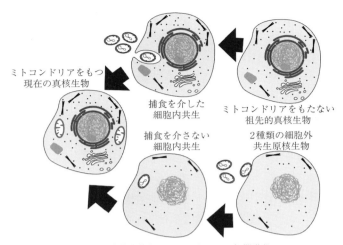

図 3.7 真核生物とミトコンドリアの初期進化

ドリアとなった共生体は，自由生活を行っていた際に重要であった多くの能力を失い，エネルギー産生用の道具として特殊化した．その際，共生体のゲノムにコードされていた遺伝子の多くは失われ，その一部は宿主細胞の核ゲノムへと移動した．結果的に共生体ゲノムは小さくなり，現在の α プロテオバクテリアのそれと比較して，10 分の 1 以下になってしまっている．つまり，ミトコンドリアの機能のほとんどは核ゲノムにコントロールされている．α プロテオバクテリアは 800 以上の遺伝子をもつが，これまでに知られている一番遺伝子数の多いミトコンドリアゲノムであっても，100 程度である．ヒトのミトコンドリアでは 20 遺伝子程度で，もっとも遺伝子数が少ないのはマラリア原虫に近縁なクロメラと呼ばれる藻類で，たった 4 つといわれている．しかし，共生細菌からミトコンドリアが誕生するカギは，もともともっていた能力の喪失やゲノムの縮退ばかりではない．栄養をミトコンドリアへと輸送する機構の獲得，宿主細胞との代謝レベルでの統合，他の細胞小器官との相互作用，宿主細胞との分裂同調機構など，さまざまな進化イベントがミトコンドリアの祖先で起きた．もちろんこのとき，細胞質で合成されたタンパク質を共生体内に輸送するための装置も誕生した．現在みられるミトコンドリアは，機能の喪失を伴う退化だけではなく，機能の獲得も伴って誕生したのである．

3.4.4 嫌気生物がもつ変わったミトコンドリア

現代の大気の約21％が酸素で占められている一方で，海底泥や動物の腸管内など酸素がない嫌気環境や低酸素環境が存在し，そのような場所にも真核生物は生息している（Fenchel, 2012）．そのような嫌気環境性で生育する真核生物（嫌気性真核生物）が研究され始めた当初，多くの研究者は，そのような生物はミトコンドリアをもたないと考えていた．細胞内を詳細に観察しても，「二重膜に囲まれて」おり「内膜がクリステを形成している」構造体は見つからなかったからである．しかし，その一方で「二重膜に囲まれて」おり「クリステがない」構造体があることは知られていた．生化学的な研究から，この構造体は水素を発生することが確認されていたため，ハイドロゲノソームと呼ばれていた．ハイドロゲノソームでは，基質レベルのリン酸化と呼ばれる酸素を使わない機構でエネルギーを産生しており，この点もミトコンドリアとは大きく異なる点である．しかし，その後の研究によって，この奇妙な細胞小器官がミトコンドリアから進化したことがわかってきた．すなわち，もともとは酸素呼吸をするための細胞小器官であったミトコンドリアが，嫌気環境への適応の過程でクリステ構造を失い，水素発生を伴うエネルギー生産を行う嫌気的細胞小器官に進化したのである．ハイドロゲノソームをもつ嫌気性真核生物は，多くの真核生物系統に存在し，それぞれ進化的に非常に遠縁な関係にある．真核生物の嫌気環境への適応とミトコンドリアのハイドロゲノソームへの進化は何回も独立に起きてきたのである．ハイドロゲノソームがさらに縮退して機能を失った細胞小器官はマイトソームと呼ばれ，これも互いに遠縁ないくつかの嫌気性真核生物がもつことが知られている．マイトソームでは水素発生もエネルギー産生も行われない．ミトコンドリアを完全に消失させたと考えられる真核生物がこれまで1種のみ見つかっており，条件が整えばミトコンドリアは必要なくなることを示す一例なのかもしれない．また，好気的なミトコンドリアとハイドロゲノソームの中間と考えられるような機能と形態をもつ細胞小器官も報告されている．ミトコンドリアから進化したさまざまな細胞小器官の比較解析によって，ミトコンドリアの多様性に関する知見がさらに広がり，またその進化過程も近い将来明らかにできるかもしれない．

〔神川龍馬〕

文　　献

1) Archibald, J.M.：*One Plus One Equals One*, Oxford University Press, 2014.
2) Fenchel, T.：Anaerobic eukaryotes. *Anoxia（Cellular Origin, Life in Extreme*

Habitats and Astrobiology, 21, Altenbach, A.V. and Bernhard, J.M., et al.), pp.5-16, Springer, 2012.
3) Martin, W.F. and Müller, M.: The hydrogen hypothesis for the first eukaryote. *Nature*, 392 (6671), 37-41, 1998.
4) Sagan, L.: On the origin of mitosing cells. *J. Theoret. Biol.*, 14(3), 225-274, 1967.

 ## 3.5 葉緑体の起源・進化

3.5.1 葉緑体をもつさまざまな生物

植物とは何か？ と尋ねられたら，何と答えたらいいだろうか．陸上の草木だけを指すという人もあれば，光合成をする生物すべてと答える人もいるかもしれない．現在の生物学的理解では，葉緑体（あるいはそれが退化したもの）をもつ真核生物を総じて植物と呼ぶことが多い．つまり，草や木のような陸上植物も，シダやコケ，水の中に住む藻類や光合成をする原生生物の仲間もすべて植物だが，光合成細菌は含まれないことになる．葉緑体（色素体）の祖先と起源を1つにするシアノバクテリアは古くは藍藻と呼ばれたが，実際には酸素発生型光合成をする原核生物であり，一般的には植物には含まれないので，地球上の光合成生産は植物と光合成原核生物と，両者の貢献で成り立っていると考えてよいだろう．

葉緑体をもつ生物は多様な進化を遂げ，地球上のさまざまな場所に生息するようになった．陸上や海，川，池だけでなく，温泉の熱水中や，氷河や雪山に住むものもいる．他の生物と共生することで生息域を広げた種も多い．樹木の表面などで藻類と菌類とが密接な共生関係を営み，特異な生態系を構築する地衣類は，古くから研究者や自然愛好家を魅了してきた．サンゴやイソギンチャク，クラゲなどの刺胞動物の細胞内に共生する"褐虫藻"と呼ばれる渦鞭毛藻類の一種は，光合成産物を宿主に供給することで，熱帯・亜熱帯海域のサンゴ礁生態系を支える一次生産者として欠かせない生態的地位を占める．サンショウウオの仲間のゼリー状の卵殻に共生し，恐らく幼生に酸素を供給する役割を果たしながら，時として成体の細胞内にも存在する緑藻も知られている．果ては，光合成をする能力を失い，動物などに寄生する寄生原虫として進化した藻類の仲間もいる．

なぜ植物はこれほど多様な進化を遂げ，多様な生息環境へと進出することができたのだろうか．こう問いかけると，葉緑体というものが何か特別な力をもって

いて，それを獲得することで，植物は漫画やアニメのキャラクターのように驚異的な変身を成し遂げたと想像する読者もいるかもしれない．確かに，酸素発生を伴う光合成は非常に特殊な細胞機能であり，そうした側面がないとは言い切れないが，ひょっとすると，この問いかけ方そのものが「きっと葉緑体って特別に違いない」という先入観に囚われた，偏った見方なのかもしれない．なぜなら，植物とはそもそも「多様な進化を遂げたさまざまな生物群のうち，葉緑体をもつもの」と定義すらできるような，雑多な生物系統の総称だからだ．われわれにもっとも身近な陸上植物にしても，緑藻のとある系統から派生した非常に特殊なグループである．それはあたかも，哺乳類という生物群が，動物界全体を見渡してみれば，授乳により子を育てるというとても珍しい特徴をもつ系統群であるのに似ている．変異と選択に基づくダーウィン的進化観に沿って考えれば，進化は結果の蓄積に過ぎず，生物は「こういう風に進化したい！」とか「こう進化が起これば生存に有利だろう」などと考えて変異を起こすわけではない．また，ある環境条件で，ある変異が起こったとき，その変異がたまたま有利な形質をもたらすのなら結果的に子孫を残しやすくなるだろうが，別の環境条件で同じことが起こるとは限らない．自然選択は，自らの意思で進化することを "選ぶ" のではなく，結果として "選ばれる" 過程のことである．そしてそれこそが，「どのようにして進化したか」は問うことができても，「なぜ進化したのか」を問うことに生物学者が慎重になる理由でもある．

　では，植物はどのようにしてこれほど多様な進化を遂げることができたのだろうか．それは，後に述べる太古の細胞内共生という進化イベントによるところが大きい．この細胞内共生という進化イベントにより，2種類のまったく異なる生物が1つの生き物として遺伝的に "融合" して進化することが可能になったのだ．これにより誕生したのが，先ほど述べたミトコンドリアであり，そしてもう1つが，植物を特徴づける葉緑体である．

3.5.2　細胞内共生による葉緑体誕生

　葉緑体は，独立生活を営んでいた光合成生物が宿主細胞内に共生することによって誕生したとされている．この細胞内共生説が提唱された当初から，葉緑体とシアノバクテリアとの形態学的な類似性が認められていたが，近年の分子生物学的技術の発展により，葉緑体が独自のゲノム DNA をもち，それがシアノバクテリアのゲノムと近縁であることが示されるなど，約1世紀にわたり細胞内共生説

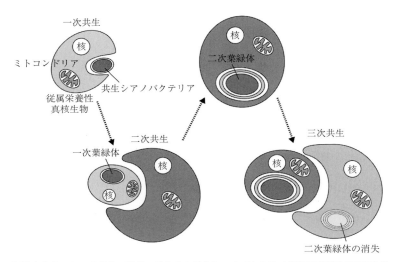

図 3.8 細胞内共生による葉緑体の獲得．光合成を行うシアノバクテリアが従属栄養性の真核生物の細胞内に取りこまれる"一次共生"により葉緑体をもつ生物が誕生した．さらに一次葉緑体をもつ緑藻や紅藻を他の真核生物が取りこむ"二次共生"により，複雑な構造の二次葉緑体は誕生した．渦鞭毛藻の中には，もともと保持していた二次葉緑体を失い，二次葉緑体をもつハプト藻や珪藻を細胞内に取りこみ三次葉緑体としたものも知られている．

を支持する証拠が数多く提示され，現在では広く受け入れられるようになった．

シアノバクテリア由来の葉緑体を宿主真核生物が獲得した共生イベントは特別に"一次共生"と呼ばれる．一次共生に由来する葉緑体をもつ系統群としては，緑藻（たとえばボルボックスやアオノリ，ミカヅキモなど）と陸上植物の両方を含む緑色植物，ノリやテングサを含む紅藻，そしてあまり知られてはいないが灰色藻という3つの系統群が知られている．細胞内共生説は，自由生活性のシアノバクテリアがもっていた光合成装置や細菌型代謝経路が，細胞の一部として真核細胞内に遺伝的に組みこまれるという驚くべき進化の仕組みを非常にうまく説明している．

21世紀の進化生物学は，そこからさらに先へ進もうとしている．図3.8は，細胞内共生の過程を模式的に表したものであるが，このような細胞内共生説が概念的には正しいとしても，「では，その細胞内共生は具体的にどのように起こったのか？」という疑問にわれわれはまだ十分に答えることができていない．植物の祖先である宿主はどのような真核生物だったのだろう？ どのような細胞構造を用いて光合成細菌を細胞内に取りこみ，また維持してきたのだろう？ 一次共

生に由来する葉緑体をもつ植物には，葉緑体をもたない近縁な真核生物の系統が
まだ知られておらず，植物が葉緑体を獲得する以前の姿を残した"生きた化石"
のような生物も未だ同定されていない．さらに最近，ゲノム中にある数多くの遺
伝子を用いた分子系統解析によって，一次共生を経験した緑色植物，紅藻，灰色
藻は実は互いに近縁な系統ではなく，葉緑体をもたない別の真核生物と近縁であ
る可能性も示唆されている．つまり，植物とそうでない生物との境界線は曖昧
で，実はそうした境界線があるのかどうかさえ，まだよくわかっていないともい
える．葉緑体そのものについての研究が進んだ前世紀を引き継いで，今世紀には
共生宿主としての植物の祖先の姿が明らかになることが期待される．

　別の視点から，シアノバクテリアが真核生物と共生するというイベントがどれ
ほど特別だったのかを考えてみると，実は自然界には意外に多くのこうした共生
の事例が知られている．ポーリネラ（*Paulinella* spp.）と呼ばれる有殻アメーバ
の一種は，緑色植物・紅藻・灰色藻のいずれとも縁遠いにもかかわらず，シアノ
バクテリアの一種を細胞内に共生させ，光合成オルガネラ（クロマトフォア
（chromatophore）とも呼ばれる）として維持している．珪藻の仲間にも，楕円
体（spheroid body）と呼ばれる，光合成能力は失ったものの窒素固定能をもつ
シアノバクテリア由来の細胞内共生オルガネラをもつ種が知られている（3.6節
参照）．これらのオルガネラ（細胞小器官）はシアノバクテリア由来であるとい
う点では葉緑体と共通だが，共生が起こったと推定される年代も比較的新しく，
また葉緑体とは別のシアノバクテリア系統に由来すると考えられており，一次共
生と呼ぶべきかどうかについて共通認識はまだないようである．ともあれ，葉緑
体とそれ以外のシアノバクテリア由来オルガネラがどのように似ていて，どのよ
うに異なるのかを明らかにすることで，太古の共生がどのように起こったのかに
ついてヒントが得られる可能性は大いにある．

3.5.3　二次・三次共生による葉緑体の進化

　葉緑体をもつ生物には，上で述べたシアノバクテリア由来の葉緑体をもつ緑色
植物，紅藻，灰色藻に加え，不等毛藻（光合成性ストラメノパイル），渦鞭毛藻，
クリプト藻，ハプト藻，クロメラ類，ユーグレナ藻，クロララクニオン藻などが
知られている．どれもピンとこない名前かもしれないが，意外に身近にいる生物
である．不等毛藻にはワカメやコンブの大型藻が含まれ，渦鞭毛藻は，赤潮や貝
毒の原因となるプランクトンとして知られている．また，ユーグレナ藻には，最

近健康サプリメントとして着目されているミドリムシが含まれている（2.1.2項参照）．これらの藻類は"二次藻類"と呼ばれ，緑藻や紅藻を別の系統の真核生物が捕食などにより細胞内に取りこむ"二次共生"と呼ばれる細胞内共生過程により葉緑体を獲得したグループである．二次共生で獲得された二次葉緑体は，緑藻や紅藻の一次葉緑体とは大きく異なる構造的な特徴をもつ．一次葉緑体が2枚の包膜で囲まれているのに対して，二次葉緑体は3〜4枚の包膜をもっており，この付加的な包膜は二次共生で取りこまれた共生藻の細胞膜，および宿主の食包膜に由来すると考えられている（図3.8）．進化的な歴史をみると，一次共生イベントがおそらく一度であったと考えられているのに対し，二次共生は独立に複数回起きたと考えられている．まず，ユーグレナ藻とクロララクニオン藻の二次葉緑体が緑藻起源であるのに対し，その他の二次葉緑体は紅藻を起源にもつため，それらが独立に起こったのは確からしい．さらに，遺伝子配列データを基にした分子系統解析から，ユーグレナ藻とクロララクニオン藻には異なる緑藻が細胞内共生したことが明らかになっている．紅藻起源の二次葉緑体についても複数回の共生イベントが想定されているが，その回数については未だ結論に至っていない．さらに複雑な共生イベントとして，三次共生が知られている（図3.8）．これは，一部の渦鞭毛藻が，もともともっていた二次葉緑体を捨てて，新たにハプト藻や珪藻を細胞内に取りこみ三次葉緑体としたものである．このように非常に複雑な共生過程を経て，現在の葉緑体をもつ生物の多様性は生み出されたのである．

3.5.4　細胞内共生による遺伝情報の進化

　では，細胞内共生の過程でどのようなことが起きたのだろう？　宿主である真核生物に取りこまれた共生藻は，消化されることなく細胞内に留まり，葉緑体へと進化してきたわけだが，このとき重要なのが宿主による共生藻の遺伝的支配である．どのように共生藻を支配したかというと，宿主は共生藻のもっていた遺伝子の多くを自身の核へと移動させたのである（一部の遺伝子は葉緑体ゲノムに残っている）．これにより，共生藻は宿主の外では生きることのできないオルガネラ（細胞小器官）へと変化した．共生藻から奪った数百〜数千の遺伝子は，宿主の細胞質でタンパク質に翻訳され，複数の包膜を通過して葉緑体へと輸送供給されている．つまり，宿主と葉緑体の間では，タンパク質供給の対価として，光合成でつくられる産物を受けとるという共生関係が成り立っているのである．この

共生関係は，一次・二次葉緑体で普遍的なものであるが，二次葉緑体においては，より複雑化している．もともとシアノバクテリアのもっていた遺伝子は，一次共生により宿主（緑藻や紅藻）の核へと移動し，二次共生で再び，緑藻や紅藻の核から他の宿主の核へと移動した．つまり，二次藻類は二度の遺伝子の移動を経験していることになる．また，三次共生由来の藻類の一部では，遺伝子の移動がみられないものも存在しており，三次葉緑体の維持機構は不明な点が多い．葉緑体へのタンパク質の輸送に関しても，一次葉緑体と二次葉緑体で経路やメカニズムが異なり，これは包膜数の違いに起因すると考えられているが，二次葉緑体への輸送機構の全容は未だ明らかでない．このように，二次・三次共生の過程は非常に複雑で，まだまだ不明な点が多いが，葉緑体の共生進化を理解するためには，二次藻類での研究進展が重要な鍵となると思われる．

3.5.5　光合成をやめた生物

ここまで葉緑体を獲得し，光合成によりエネルギー生産を行う植物や藻類について話してきたが，ここからは光合成をやめた生物について紹介する．光合成をやめた生物は多岐にわたり，植物や藻類のさまざまなグループで，独立に光合成能が失われたと考えられている．一部を紹介すると，"世界一大きな花"で知られているラフレシア（*Rafflesia lagascae*）は，他の植物に寄生する寄生性植物で，光合成を行わない．近年の研究で，ラフレシアは細胞内に色素をもたない葉緑体をもち，その葉緑体ゲノムは完全に失われていることが報告されている．同様に，単細胞性の緑藻クラミドモナスに近縁なポリトメラ（*Polytomella* spp.）も葉緑体ゲノムをもたないことが報告されている．しかし，ポリトメラは自由生活性である点でラフレシアとは大きく異なる．また，緑藻クロレラに近縁で光合成を行えないプロトテカ（*Prototheca wickerhamii*）は，葉緑体ゲノムから光合成に関わる遺伝子のみを消失させている．プロトテカは光合成をする近縁種とは異なるさまざまな環境に生息しており，下水や植物表皮，動物の皮膚からの報告もある．二次共生により葉緑体を獲得したグループについてもみてみると，動物寄生性のマラリア原虫で知られるアピコンプレクサ類は，光合成能を失ったアピコプラストと呼ばれる無色の葉緑体をもつ．赤潮や貝毒で知られる渦鞭毛藻の中にも，光合成能を失った従属栄養性の種が多く知られている．これらの光合成をやめた生物は，共通して葉緑体ゲノムや光合成関連遺伝子を失い，その多くが寄生性を含む特殊な環境へ適応している．

これらの生物が，光合成というアドバンテージを捨て，従属栄養性に逆戻りした進化的なメリットは何だったのだろう？　その1つとして，新たな生息環境への適応が考えられる．光が届きにくく栄養豊富な環境，たとえば下水環境や動物体内では，光合成を行うより，周辺の環境から栄養を摂取する吸収栄養を行う方が断然効率がよいと考えられる．しかし，一般的な海や湖沼などにも，光合成を行わない緑藻や渦鞭毛藻が多く存在しており，彼らがなぜ光合成をやめたのかは大きな謎である．面白いことに，光合成をやめた生物のほとんどは，葉緑体を捨てることなく，細胞内に留めている．光合成をやめた葉緑体をもつことにどんな意味があるのだろうか？　実は，葉緑体は光合成によるエネルギー生産以外にも，貯蔵多糖やアミノ酸，脂肪酸やイソプレノイドの合成など，生命の維持に重要な機能をもっており，無色になった葉緑体にも重要な役割が残されているのである．

ここまで話したように，葉緑体をもつ生物は驚くほど多様で，その形態や色，生息環境や進化的な背景はさまざまである．その中には，顕微鏡でしかみえない小さなものも多く含まれる．ヒトを含む地球上の生物を一次生産者として支える葉緑体をもつ生物の世界は，われわれの想像を超えた広がりをみせている．

〔平川泰久・丸山真一朗〕

3.6　原生生物と窒素固定細菌との共生関係

3.6.1　生物と窒素固定

前節では，真核生物の一部の系統が細胞内にシアノバクテリアを共生させることで光合成能力を手に入れたことを紹介した．光合成といえば光を吸収して酸素を出し，エネルギーを取り出す反応というイメージが強いかもしれないが，もう1つ，二酸化炭素を利用して糖（炭水化物）をつくるという重要な反応も含んでいる．陸上植物に代表される光合成生物が動物のように餌を食べなくても生きていけるのは，空気から炭素を取りこんで炭水化物をつくり出せるからともいえるだろう．しかし，単に炭素を取りこむだけでは生きていくことはできない．窒素，リン，カリウム，カルシウム，マグネシウム，硫黄，その他にも亜鉛や鉄，モリブデンといった金属も微量ながら必須であり，光合成生物はこれらの要素を環境中から取りこんで生育している．これらの栄養は通常，土や水中に存在して

いるので，見かけの上では植物は水があって光が当たりさえすれば成長できるということになる．しかし痩せた土地などの貧栄養な環境では，取り入れられる栄養が足りず十分に生育できない．餌を食べず，動物のように大きく移動できない植物（藻類も含む）にとって，そのような環境下でいかに効率よく栄養を取りこむかが生存の鍵となるわけである．とくに上述の必要な栄養の中でも，窒素はタンパク質や DNA・RNA といった生物の活動において根幹をなす物質に多量に含まれており，その確保は餌を食べない光合成真核生物において非常に重要な課題だ．

　窒素と聞いてどのような物を思い浮かべるだろうか．多くの人は液体窒素や窒素ガスなど，2 つの窒素原子によって構成される窒素分子（N_2）をイメージするのではないかと思う．窒素ガスといえば，大気を構成するガスの中でもっとも多い気体であり，その空気中の割合は 78% にもなる．この点だけみると窒素はどんな環境にも多量に存在し欠乏とは無縁のようにも思われるが，一部の種を除いて生物は大気中に多量に存在する窒素分子を利用できない．窒素分子は三重結合を含む不活性な物質であるが，多くの生物はこの三重結合を解き，自らが利用できる形に変換できないのである．しかし，ニトロゲナーゼと呼ばれる酵素をもつ生物は，この極めて安定な物質を自身の細胞を構成する物質へと取りこむことができる．この，窒素ガスを生物が利用できる物質に取りこむ反応は窒素固定と呼ばれる．ニトロゲナーゼは，筆者が知る限りでは自然界の中でもっとも複雑な酵素の 1 つであり，人為的に行うには高温高圧環境を必要とする窒素固定反応を，ニトロゲナーゼは常温常圧でやってのける．この酵素をもつ生物は，大気中に無尽蔵といえるほどに存在する窒素ガスを窒素源として利用できるわけであるが，このニトロゲナーゼをもつのは一般的に原核生物に限られる．言い方を変えれば，真核生物に含まれる生物，一般的な定義でいう動物・植物・菌類や原生生物の仲間たちには，この窒素固定能力をもつものは存在していない．そこで，いくつかの真核生物が行っている窒素取りこみの戦略が，窒素固定能をもつ細菌との共生である．

　窒素固定と共生と聞くとマメ科植物を思い浮かべる方も多いのではないだろうか．マメ科の植物は根粒菌と総称される窒素固定細菌を根に共生させることで，間接的ではあるが窒素固定を実現している．この共生関係については古くから精力的に研究が行われ，現在では共生のモデルとして広く知られている．本書の主題である原生生物たちの中でも，光合成性のいわゆる微細藻類は餌を食べないも

のがほとんどであり，環境中から必要な物質をいかに効率よく取り入れるかは大きな課題である．これまでに多様な原生生物の生き方が紹介されてきたが，その多様性の中には，やはり窒素固定細菌との共生という解決策に行き着いた例がみられる．以下ではそのような原生生物について，その窒素固定共生体の特徴とともにご紹介したいと思う．

3.6.2　ロパロディア科珪藻と細胞内共生シアノバクテリア

　まず紹介したいのは，珪藻にみられる共生関係である．珪藻は黄～茶色の葉緑体をもつ原生生物であり，微細藻類の中でも代表的な系統の1つとして広く知られる．このグループの種は単細胞性であるが，その細胞のまわりにガラスでできた透明な殻をもつのが大きな特徴である．湖沼・河川・海を問わず地球上のあらゆる水環境において普遍的にみられるグループであり，身近な川や池から水をとってきて顕微鏡で覗けば，まず観察できる部類の原生生物だ．珪藻には非常に多様な種が含まれるが，その中でロパロディア属（*Rhopalodia*）およびエピテミア属（*Epithemia*）というグループに属する種が，窒素固定細菌と共生関係を築いていることが知られる．この2つのグループはどちらも池や湖など淡水に生息する近縁なグループであり，ロパロディア科（Rhopalodiaceae）という同一の科に属している．種によってばらつきがあるが，いずれの属の種も細長く，細胞のほぼ全体に葉緑体が広がっている．顕微鏡で観察すると，その細胞の真ん中あたりには細胞核とともに俵型をした透明な構造がみられるが，これが共生細菌である．この共生菌は，マメ科植物の根粒菌とはまったく異なる系統の細菌，シアノバクテリアであることが明らかとなっている．シアノバクテリアは葉緑体の起源となった原核生物として有名であり，光合成する細菌というイメージが先行するが，その多くの種類が光合成能とともに窒素固定能をもちあわせる．

　光合成真核生物と窒素固定細菌の共生という図式自体はマメ科植物と根粒菌の関係に似るが，マメ科植物が世代ごとに土壌に生息する根粒菌をその都度共生させるのに対して，ロパロディア科珪藻の共生菌は宿主である珪藻細胞の内部にしか存在しないという点において特徴的である．ロパロディア科珪藻は2分裂で増殖するが，この際にも共生シアノバクテリアは細胞外に出ず，分裂の結果生まれた2つの新しい珪藻細胞に受け継がれる．これまでにこの共生シアノバクテリアを珪藻細胞の外に取り出して培養しようという試みが行われたが，成功例は報告されていない．このことからこのシアノバクテリアは共生関係の中でしか生存で

きないと考えられているが，このような特徴は絶対共生性と呼ばれる．さて，もう1つ大きな違いとしてあげられるのは，ロパロディア科珪藻の共生者が属するシアノバクテリアは根粒菌とは違って光合成を行うという点である．一般的にシアノバクテリアが光合成を行うと副産物として酸素が発生するが，この酸素分子（O_2）はニトロゲナーゼ活性の天敵ともいえる存在である．ニトロゲナーゼが酸素に暴露されると，窒素固定反応において中心的な役割をもつ鉄含有タンパク質が不可逆に不活性化されてしまうのだ．そのため窒素固定と光合成を同時・同所で行うのは生理的にみて非常に非効率的であり，窒素固定を行うシアノバクテリアは，このジレンマ的問題を光合成と窒素固定の場所を区切ったり，2つの反応をそれぞれ異なる時間に行ったりすることで乗り越えていることがわかっている．しかしながらロパロディア科珪藻とシアノバクテリアの共生関係については不明な点が多く，どのような仕組みで窒素固定を実現させているのかは明らかでなかった．

　このような中で近年，共生シアノバクテリアのゲノム解読が行われ，そのヒントが得られたのでご紹介しておきたい．共生シアノバクテリアゲノム解読によってまず明らかとなったのはゲノムの縮退である．共生性ではない近縁なシアノバクテリアのゲノムと比較すると，ロパロディア科珪藻の共生シアノバクテリアゲノムのサイズは明らかに小さく，そこには半分程度の数の遺伝子しか存在しないことが明らかとなった．さらに興味深いことに失われた遺伝子の中には，光合成に関連する遺伝子が多く含まれていたのである．シアノバクテリアは光化学系Iおよび光化学系IIというタンパク質複合体を用いて光合成を行うが，解読された共生体ゲノム上には2つの光化学系を構成するタンパク質遺伝子が検出できず，さらに光合成に必須なクロロフィルの合成に関連する遺伝子も見つからなかった．つまり，この共生シアノバクテリアは光合成が行えず，細胞内で大量の酸素が発生することもないということであり，その細胞内は空間や時間に限定されずに窒素固定ができる環境にあると推測される．進化の過程で，珪藻の細胞内部という特殊な環境および窒素固定という反応に特化した結果，ロパロディア科珪藻の共生体はシアノバクテリアのアイデンティティーとも呼べる光合成能力を失ったと考えることができるだろう．一方で光合成能力の欠失は，この共生体がエネルギーの供給を外部（宿主）に頼らざるを得ない状況にあることを示している．どのような物質がどうやって宿主から運ばれているかは現時点では明らかでないが，共生シアノバクテリアのゲノムには，糖を分解する酵素や好気呼吸に必

要なタンパク質の遺伝子が残っていることを考えると，珪藻細胞側が行う光合成
によってつくられた糖が共生体へと運ばれ，エネルギー源として利用されている
と推察できる．また，それらを用いて好気呼吸を行うことで酸素が消費される
が，この反応が共生体細胞内の酸素分圧を低く保つことに貢献している可能性も
ある．共生シアノバクテリアゲノムの解読により，共生体側の機能や代謝機構が
明らかになってきたが，宿主である珪藻がどのように共生体を制御しているかは
未だに不明な点が多い．今後は宿主である珪藻細胞に焦点を当てた研究が進むこ
とによって，この密接な共生関係がどのように成立しているのかが明らかになる
だろう．

3.6.3 ハプト藻とシアノバクテリアの共生

シアノバクテリアが原生生物に共生し，窒素固定に特化した進化を遂げた例は
上記の珪藻共生体以外にも知られており，ハプト藻と呼ばれる微細藻類グループ
にみられる共生体もその1つである．ハプト藻はおもに海洋に多くみられる光合
成真核生物であるが，このグループに属するクリソクロムリナ・パーキー
（*Chrysochromulina parkeae*）およびブラールドスファエラ・ビゲロウィイ
（*Braarudosphaera bigelowii*）は UCYN-A と呼ばれる系統のシアノバクテリア
を共生させ，間接的に窒素固定を行っていることが知られる．いずれも光合成性
であるが，前者は2本の鞭毛をもって遊泳する細長い細胞なのに対して，後者は
正十二面体に近い特異な殻をもつ不動性の細胞である．見た目には大きく異なる
2種だが，近年の研究によると遺伝的には区別がつかず，実は同一種の生活環の
異なる段階が異なる種として記載されたのでは，との見方がある．ブラールドス
ファエラの方では共生体の詳細な観察が行われており，共生体は厚い細胞外被に
包まれたハプト藻細胞の内部に存在していることが明らかとなっている．そし
て，UCYN-A シアノバクテリアもゲノム解読が完了しているが，そのゲノムは
ロパロディア科珪藻にみられる共生シアノバクテリアのものと比較してもさらに
小さく，より縮退していることが明らかとなっている．珪藻の共生シアノバクテ
リアゲノムでは保持されている，細胞の生長に必須な遺伝子（例：アミノ酸や核
酸の生合成に関わる遺伝子）の多くが UCYN-A のゲノムでは欠失しており，や
はり単独では生存不可能な絶対共生の関係にあると考えられる．意外なことに，
より縮退が進んだ状態であるにもかかわらず，UCYN-A シアノバクテリアでは
光合成能力が完全には失われていない．光化学系Iやクロロフィル合成に関連す

3.6　原生生物と窒素固定細菌との共生関係　　　123

る遺伝子を保持している点で，ロパロディア科珪藻の共生体とは少々異なる進化を遂げているといえるだろう．その一方で，UCYN-A シアノバクテリアは酸素を発生させる光化学系 II 複合体を失っており，やはりその細胞内はニトロゲナーゼが反応を行うのに特化していると考えられる．

3.6.4　シロアリ腸内にみられる窒素固定細菌と原生生物の共生

　最後に，シアノバクテリア以外の細菌を窒素固定パートナーとしている原生生物を紹介したい．シロアリはご存知の通り木造建築物に住み着き，木材を侵食する害虫として有名であるが，その腸内には多くの原生生物・細菌が共生していることが知られる（2.4.2 項参照）．シロアリがおもに摂食するのは木材であり，したがって得られる資源は木材の主要構成成分であるセルロースに偏る．シロアリの腸管に共生する微生物の多くは，そのセルロースを分解する酵素をもつことが知られ，宿主であるシロアリが栄養資源を効率よく利用する手助けをしていると考えられている．興味深いことに腸管に共生する原生生物には，その細胞内外にさらに複数種の細菌を共生させているものが知られており，シロアリの腸内には複雑な多重共生関係が展開しているといえる．パラバサリアと呼ばれる原生生物グループに属するシュードトリコニンファ・グラッシイ（*Pseudotrichonympha grassii*）もシロアリの腸内にみられる原生生物の 1 つだが，その細胞内にはバクテロイデス門に属する細菌（CfPt1-2）が共生する．この CfPt1-2 のゲノム解析結果によれば，やはりこの細菌のゲノムも他のバクテロイデス細菌と比較してかなり縮退していることが明らかとなっている．細胞内という安定的な環境において不必要である遺伝子の多くが失われている一方で，ニトロゲナーゼを構成するタンパク質遺伝子が保持されていることが発見された．このことから CfPt1-2 は宿主の細胞の中で窒素固定を行い，窒素化合物を生成することで，セルロースに偏った窒素源に乏しい栄養資源を補っているものと推定される．

3.6.5　窒素固定する原生生物たち

　本節では原生生物と窒素固定細菌の共生関係の中で，とくに共生細菌のゲノムが明らかになっている例を紹介してきた．紙面の都合上取りあげられなかったが，これら以外にも多様な原生生物が，さまざまな系統の窒素固定細菌と共生関係を結んでいることが知られている．このことは窒素固定共生体をすまわせて（もしくは取りこんで），間接的に窒素固定を行うというライフスタイルが原生生

物の多様性の中ではそう珍しいものではないことを示唆している．また今回取りあげた例にみられるように，共生細菌のいくつかは絶対共生性であり，宿主の細胞の一部とみなすことができる．このような絶対共生性の細胞内窒素固定細菌は，ミトコンドリアや葉緑体に次ぐ「第三の共生オルガネラ」とも捉えうるだろう．現在の教科書的知見では，生態系への「窒素の取りこみ口」はもっぱら窒素固定細菌であるとされるが，近年明らかになりつつある窒素固定細菌との密接な共生関係，そして原生生物の多様性・生物量を踏まえれば，われわれは「窒素固定性」原生生物による貢献を考慮に入れ，地球の窒素循環を捉え直す必要があるのかもしれない．　　　　　　　　　　　　　　　　　　　　〔中山卓郎〕

3.7　多細胞性の進化

3.7.1　多細胞性とは何か

　われわれの体はたくさんの細胞から成り立っている．単に多数の細胞が集まっているだけではなく，それらが互いに連絡を取りあい，仕事を分担している．1つ1つの細胞の機能や性質はそれぞれの役割に特化している．これを細胞の分化という．心臓の細胞は心臓の細胞に，皮膚の細胞は皮膚の細胞に分化しており，それらを分離して単体で生かしていくことは，特別な操作を行わない限りは不可能である．動物は，単純な細胞分裂によって素早く繁殖することをやめ，専門化したたくさんの細胞による複雑な「多細胞性」を進化させることを選んだ．その戦略は一定の成功を収めたといってよいだろう．しかし一方で，たとえば細胞の増殖をコントロールできなくなる病気である癌は，単細胞生物では起こりえない問題である．いずれにせよ，多細胞性の進化は，生物進化史上もっとも重大な出来事の1つであったといえる．この節では，われわれ動物が，単細胞の原生生物からどのようにして多細胞へと進化したのかを探っていきたい．

　実は，長い進化の過程で「多細胞化」は何度も起きている．たとえば，動物と植物は，互いに異なる単細胞生物からまったく独立に多細胞化を果たしたことがわかっている．そのような多細胞化のイベントが生物進化の歴史において何度くらい起きたのか，数えることは難しい．それは，多細胞性とは何かという定義自体がはっきりしないからである．

　バクテリアはしばしば寄り集まって大きな群体をつくる．水槽で長く魚などを飼っていると水槽の内壁にぬめりが出てくるが，これはおもにバクテリアが繁殖

してフィルム状の構造をつくったもの（バイオフィルム）である．一般にこうした群体は多細胞体制をとっているとはみなされない．細胞の分業体制や細胞間の連絡が，少なくとも生存に必須なレベルではみられないからである．彼らはフィルムから離れても単独で生きていける．ここでは，細胞の分業体制やその間の連絡が，集合体全体が生きていくのに必須である場合，その集合体は多細胞体制をとっていると定義しよう．すると，長い生物の歴史の中で多細胞化を果たしたのは，すでに絶滅したものを除いて，動物，植物，菌類（カビやキノコの仲間），粘菌類，そして褐藻類（コンブやワカメの仲間）の5つ，ということになりそうである．しかし，実はこの定義だって厳密とはいえないし，この5つの中，たとえば菌類の中だけでも何度か多細胞化は起きている．ただ動物に限っていえば，過去一度だけ多細胞性を進化させ，それが現在の動物すべてに受け継がれてきたというのが科学者のほぼ共通した考えである．

3.7.2 動物の多細胞性の進化

動物がどのように多細胞化を果たしたかという科学的な議論は，18世紀後半，ドイツの生物学者ヘッケルによって始められている．ヘッケルは動物の多細胞性の起源を，群体性の単細胞生物，とくに鞭毛虫の群体に求めた．こうした群体起源説は，最初の多細胞体形成の様式によってさらに2つの説に分けられる．1つは不完全な細胞分裂が繰り返されたというもの，もう1つは独立した細胞どうしが後から集合したというものである（ウィルマー，1998）．また，こうした群体説に対抗する形で，多核性細胞説が提出されている．これは，単独の細胞が細胞質を分裂させずに核だけを分裂させることによって「多核体」が形成され，これを起源として多細胞体制が進化したというものである．つまり動物の多細胞性の起源については，大きく分けて3通りの仮説があるわけである．

この3通りの仮説のうち現在もっとも支持されているのが，1番目の，不完全な細胞分裂によって形成された群体が動物の多細胞性の起源であるという説である．これには立襟鞭毛虫（図3.9）という原生生物の存在が大きい．立襟鞭毛虫は，1本の鞭毛を取り囲むように並ぶ無数の細胞質の突起をもっており，これが襟を立てたようにみえることからその名前がついている．こうした襟構造をもった細胞はいくつかの動物にみられ，とくに動物のうちもっとも原始的な体制をもつとされるカイメンに特徴的であることから，立襟鞭毛虫は多細胞化以前の動物の姿を今に残しているのではないか，と考えられてきた．現に立襟鞭毛虫には群

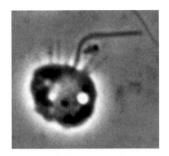

図 3.9 立襟鞭毛虫
Monosiga ovata という立襟鞭毛虫．長くて太い 1 本の鞭毛と，それを取り囲む無数の細胞質性突起（襟）が確認できる．

体をつくる種も存在し，それは不完全な細胞分裂によるものと考えられている．さらに遺伝子の解析でも，立襟鞭毛虫が動物にもっとも近縁な（系統的に近い）原生生物であることが示されている．

　では，立襟鞭毛虫以外には，動物に近縁な原生生物は存在しないのだろうか？実は長い間，立襟鞭毛虫の次に動物に近縁な生物は菌類だと考えられてきた．

　ここで 1 つ注意しておきたいが，菌類が「古い」生き物で，それを祖先に立襟鞭毛虫や動物が進化してきたというとらえ方は正しくない．同様に，動物の祖先は立襟鞭毛虫だった，という理解も正しくない．菌類も立襟鞭毛虫も動物もそれぞれ，太古から現在まで同じ時間をかけて進化してきた生物である．しかしそれらの間の関係性を比べた場合，菌類と動物はかなり近い（最近枝分かれした）関係で，さらに立襟鞭毛虫は，菌類よりも動物に対してより近い存在である，という意味である．

　立襟鞭毛虫が最初に科学的に記載されたのは 1866 年のことだが，それ以降つい最近まで，菌類よりも動物に近縁な原生生物は立襟鞭毛虫以外には知られていなかった．正確には，見つけられていたとしてもそれは動物の細胞とは似ても似つかぬ形態をしていたので，近縁とは考えられていなかったのである．立襟鞭毛虫以外の動物に近縁な原生生物の発見は，DNA 分析技術の発展を待たなければならなかった．

3.7.3　単細胞ホロゾア

　1995 年，DNA の解析により，ロゼッタエージェントという名の原生生物が動物に近縁であることが示唆された．ロゼッタエージェントは，サケの仲間からこ

3.7 多細胞性の進化

図 3.10 単細胞ホロゾアの系統関係
真核生物の系統樹から，動物と菌類の近辺のみを抜き出して模式的に示した．灰色で囲んだ部分が単細胞ホロゾア．大きく4つの綱からなる．

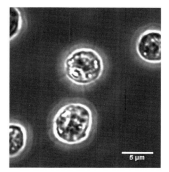

図 3.11 カプサスポラ
無数の糸状仮足が放射線状に伸びている．この仮足を使って這い回る．

のさらに10年ほど前に発見された病原体であったが，その系統的な位置はずっと不明であった．これを契機に，似たような系統的位置を示す寄生性の原生生物が海棲動物から次々と発見されてきた．

現在，動物に近縁な原生生物は「単細胞ホロゾア」と総称され，大きく4つの綱に分類されている（図3.10）．まず立襟鞭毛虫（Choanoflagellatea），次にフィラステレア（Filasterea），さらにイクチオスポレア（Ichthyosporea），そして最後にコラロキトレア（Corallochytrea）である．系統関係をみていくと，立襟鞭毛虫，フィラステレアの順に動物により近縁であることは科学的にほぼ決着がついているが，イクチオスポレアとコラロキトレアについてははっきりとしない．いずれにせよ，動物が多細胞化する前の単細胞の祖先は，考えられていた以上に豊富にその子孫を現在に残していたわけである．

立襟鞭毛虫以外の単細胞ホロゾアにも群体を形成するものが存在する．とくに興味深いのは，フィラステレアの一種カプサスポラ（*Capsaspora*）（図3.11）は細胞が寄り集まることで，またイクチオスポレアの一種クレオリマックス（*Creolimax*）は多核体を介してそれぞれ群体を形成することである．すなわち，立襟鞭毛虫を含めると，先に述べた3つの多細胞性進化の仮説が単細胞ホロゾアの中にすべて尽くされているわけである．もちろんこの類似性は単なる表面上のものである可能性もあるし，そもそもこうした群体形成の様式は，動物の多細胞体制とは関係なく，それぞれの系統で最近になって獲得されたものであるかもしれない．しかしながら，単細胞ホロゾアの群体形成様式がただ1つに決まるわけではないという事実は，現在も多くの支持を集める不完全細胞分裂起源説をわずかなりともぐらつかせるものであるといえる．

3.7.4 単細胞ホロゾアのゲノム

さらにDNA解析の技術が進み，単細胞ホロゾアのゲノムが解読されるようになってくると，面白いことがわかってきた．

常識的に考えると，単細胞から多細胞への進化には，細胞の機能や性質に何か革新的な変化が必要だったに違いないと誰もが予想するだろう．細胞どうしを接着する機能はもちろんのこと，細胞どうしの連絡手段，多数の細胞が動き回るための足場，また全身の細胞の分化や分裂回数を管理・制御する仕組みなど，単細胞時代には必要なかったシステムをいくつもつくり出さなければならない．こうした仕事は遺伝子と，そこからつくられるタンパク質が担っている．つまり，単細胞から多細胞への進化の際は，新しい遺伝子が大量につくられる必要があったのではないか？

2008年，アメリカのキング博士のグループが，立襟鞭毛虫のゲノム情報をすべて解読した．さらに2013年には筆者らのグループがカプサスポラのゲノムを解読した．その結果は驚くべきもので，なんとこの小さな原生生物たちは，細胞接着や細胞間の連絡をはじめ，上にあげたような多細胞生物特有の仕組みに関わると予想される遺伝子を多数もっていたのである（菅，2015）．

これはいったいどういうことだろう？　単細胞体制では必要のないはずの遺伝子を，単細胞生物がもっている……．2つの解釈が考えられた．1つは，単細胞ホロゾアはこれらの「多細胞的な」遺伝子を使い，われわれの知らないところで細胞どうしをくっつけあったり，連絡を取りあったりしているというもの，もう

1つは，何か動物とはまったく別の仕組みのために役立てている，というものである．前者が正しい場合，単細胞と多細胞の間の違いは，単に多細胞的なふるまいをする時間が長いか短いかというだけの量的な違い，ということになる．後者の場合，単細胞と多細胞の間にはやはりなんらかの質的な違いが存在し，多細胞体制の進化は，古くからある単細胞体制でも必要な遺伝子をうまく使いまわすことで達成されたことになる．

　もちろん，動物が多細胞化するときに新たに発明された遺伝子も存在する．こうした比較的「新しい」遺伝子からつくられるタンパク質の多くは細胞膜で働き，細胞の外から来る別のタンパク質（リガンドと呼ばれる）を捕まえて細胞の中にその情報を渡す役目をしている「受容体」と呼ばれるものである．筆者は，これらの遺伝子は，基本的な多細胞体制がつくられた後，その枠組みの中で細胞間のコミュニケーションをさらに豊かなものへと進化させ，より複雑な体をつくるのに使われたと考えている．

3.7.5　「多細胞的な」遺伝子の機能

「多細胞的な」遺伝子のもともとの（単細胞時代の）役割は，今のところ謎である．

　たとえば，動物で細胞どうしの連絡に使われる遺伝子は，もしかしたらもともとは原生生物が環境の変化を感知するためのものだったのかもしれない．また，細胞の足場をつくるという動物の多細胞体制に欠かせない役割を果たす遺伝子は，単細胞生物が危機を察知して一時的に集合体をつくるための避難具だったのではないだろうか？

　この疑問に答えを出すには，実際に単細胞ホロゾアの細胞で，これらの遺伝子がどのような働きをしているか探る必要がある．最近，筆者らの努力が実り，カプサスポラやクレオリマックスでは，外から遺伝子を細胞に導入してその働きを調べる「形質転換」という実験技術が確立された．現在，筆者の研究室では単細胞ホロゾアの「多細胞的な」遺伝子を1つ1つ解析し，これらの遺伝子のもともとの役割は何だったのか，そして動物の多細胞性はどのようにして原生生物から進化してきたのか，という問題に答えを出そうとしている．　　　　〔菅　裕〕

文　　献

1) 菅　裕，Ruiz-Trillo Inaki：動物多細胞システムのオリジンに迫る．実験医学，**33**(6)，968-973，2015．
2) ウィルマー：第7章　後生生物の起源．無脊椎動物の進化（佐藤矩行，藤原滋樹，西川輝昭訳），pp. 197-237，蒼樹書房，1998．

おわりに

　原生生物の草分け的な教科書 "Protozoology" は 1931 年に発行され，版を重ねながら世界中で読まれてきた．著者は Richard R. Kudo 博士である．本書にも登場する寄生原生生物 *Kudoa* は，彼に捧げられた学名である．彼のミドルネーム "R." は Rokusaburou，つまり「六三郎」．徳島県出身の工藤六三郎博士がアメリカに帰化された後の名前である．工藤博士はロックフェラー研究所の野口英世の下で研究を進めた後，1918 年イリノイ大学動物学科に職を得て活躍された．世界中の原生生物学者が，日本人の書いた教科書で最近まで長らく勉強してきたことになる．

　工藤博士以降も，日本は原生生物学分野で世界にその研究をアピールしてきた．本書でも，新進気鋭の原生生物学者，あるいはその道のオーソリティの原生生物学者に執筆をお願いした．最先端の原生生物学者であるにもかかわらず，高校生にもわかるくらいわかりやすく，という本書の執筆方針を理解していただき，最新の知見までとても平易に解説していただいた．著者のみなさまに改めて心から感謝を申し上げたい．

　僕が小学生の頃，『水の中の生きものの顕微鏡観察』という本を図書館で借りて読んだ．当時から生物学者になりたいと強く思っていたが，この本を読みながらあまりにも対象が小さいので，絶対に顕微鏡を使う研究だけはするまいと心に誓った．そんな僕が今日，顕微鏡を武器に小さな生きものたちとつきあう羽目になろうとは，当時の僕は夢にも思わなかっただろう．どこにでもいるけれど目にはみえないため，誰にも知られることなくひっそりと生きている美しい姿を，僕たちだけが発見でき，それを世界中の多くの人たちに紹介できる．そんな喜びが，原生生物学の魅力である．

　僕の同僚で，原生生物学の師匠のひとりである法政大学教授・月井雄二博士が急逝されたのは，つい 4 ヶ月前であった．本書でも紹介されている原生生物情報サーバ（画像データベース）をつくられた．今や世界中の博物館で，月井先生の撮影された原生生物の写真をみることができる．月井先生は四十数年の間，原生生物一筋に，培養と観察を続けてこられた．原生生物の培養を続けるために 3 日

以上大学を休まれることは，一度たりともなかったそうだ．月井先生もまた，原生生物に魅せられたひとりだったのだ．本書の執筆も，培養の忙しさを理由にお受けいただくことが適わなかったが，月井先生とは本書を肴に原生生物の魅力をゆっくり語り合いたかったと思う．

2018 年 8 月

島 野 智 之

　アメーバとその仲間に関する多様な世界について興味をもっていただけただろうか．私自身はその魅力に取り憑かれ原生生物学者としての道を歩んできたわけであるが，学生の頃に初めてその魅力に触れた時に得た高揚感は未だに覚えている．突然目の前に広がった小さいけれど大きな世界，こう書くと陳腐な表現になってしまうが，本当に言葉通りそうだったのだ．そして，その世界はわかればわかるほどに奥深くなっていき，未だ全容がみえず私を捉え続けている．夢中になれるものがあるのは幸せなこと，とよく言うが，本書にはそんな私の幸せを皆さんとも共有したいという勝手な思いも込められている．まだ研究者としては若輩者であり，今後より一層原生生物学の発展とその成果と魅力の公表と宣伝に努めなければならない私にとって，本書をこうして上梓できたこと，私が夢中になった世界を紹介できる機会を得られたことは無上の喜びである．

　本書をしたためるにあたり多くの方々の協力があったのは言うまでもない．朝倉書店の皆様にはこの場でも感謝申し上げたい．また，日頃からお世話になっている先生方，同僚，友人，そして家族全員に感謝する．私の博士課程進学を反対しながらも時に激励の言葉もくれ，誰よりもその行く末を案じてくれていた父に私が編集者として初めて参加した本書をみせられなかったことだけが残念である．

2018 年 8 月

矢 吹 彬 憲

付録：原生生物「見どころ」ガイド

　本書を読んだあなたはもう立派な「アメーバ博士」なのだが，もっと原生生物を知りたくなったあなたのために，参考になる博物館やホームページの一部を紹介しておく．夏休みの自由研究のネタなどにもいいかもしれない．

【博物館など】
(1) 国立科学博物館（東京都台東区上野公園 7-20）
　原生生物に限らず，日本の生物学の聖地．明治 10 年創立．452 万点を超える貴重なコレクションをもち，毎年 200 万人を超える見学者を誇る．常設展示だけでなく，特別展も行われているので興味のある企画があれば訪れてみてはどうだろう．
(2) 岩国市ミクロ生物館（山口県岩国市由宇町 8500-6　潮風公園みなとオアシスゆう交流館内）
　「世界初」の原生生物専門の博物館．生きた原生生物を観察できるのはもちろんのこと，さまざまな原生生物の映像や，環境と原生生物の関わりが学べる映画の上映なども行われている．原生生物観察グッズや原生生物トランプなど変わったお土産も購入できる．
(3) 滋賀県立琵琶湖博物館（滋賀県草津市下物町 1091）
　湖をテーマにした博物館としては日本最大．生きた原生生物が観察できるのはもちろん，淡水魚を中心とした水族館としても楽しめる．琵琶湖 400 万年の歴史や人間との関わりなど幅広い分野について学ぶことができる．
(4) 目黒寄生虫館（東京都目黒区下目黒 4-1-1）
　おそらく世界で唯一の「寄生虫」をテーマにした博物館．原生生物の一員である原虫のみでなく，みなさんが「寄生虫」と聞いてイメージするであろうサナダムシやアニサキスなどの展示はまさに圧巻．最近はデートスポットとしても人気のようである．みなさんも彼氏彼女と一緒にいかがだろうか．

【ホームページなど】

(1) 日本原生生物学会

学会の開催情報や日本語の専門誌「原生生物」が無料で読める．原生生物学会では高校生などの発表も歓迎している．あなたの発見が世界を変えるかも？

(2) 日本寄生虫学会

学会の開催情報や医療関係者向けのコンサルテーションのコーナーなどがある．

(3) 日本共生生物学会

本文でも解説したが原生生物と寄生や共生とは切っても切れない関係にある．

(4) 原生生物情報サーバ

原生生物の図鑑や教科書としても使える解説．採集方法の詳細な解説など幅広い情報が記載されている．

(5) 国立感染症研究所

寄生虫による感染症の解説．寄生虫だけでなく広く感染症全般について詳しい解説記事がある．テレビや新聞などで話題になった感染症について調べてみてはいかがだろう．

〔永宗喜三郎〕

(1) 日本原生生物学会

(2) 日本寄生虫学会

(3) 日本共生生物学会

(4) 原生生物情報サーバ

(5) 国立感染症研究所

事 項 索 引

欧 文

AIDS 43,44

binary fission 57
bio-indicator 79
biotic indicator 79

DNA 9

pool feeder 56

Red List（RL） 91
RNA 9

saprobic system 79
SAR 100
symbiogenesis 105
symbiosis 105

transovarial transmission 56

UCYN-A 122

variant surface glycoprotein
（VSG） 61
vessel feeder 56

WHO 54

ア 行

赤潮 89,98
アクチン 16,17
アピカルコンプレックス 26
アフリカ睡眠病 61
アフリカトリパノソーマ症 61
網状仮足 85,86
アメーバ運動 16
アメーバ性角膜炎 38
アメーバ性肝膿瘍 40
アメーバ体 52

アメリカトリパノソーマ症 60
アルケノン 84

異形配偶子接合 21
一次共生 114
遺伝子 10
遺伝子の水平伝搬 106
遺伝子の使いまわし 129
遺伝的支配 116

ウーズ 4
腕振り運動 94

栄養体 36
塩素耐性 42

オーキネート 54
瘧病 25
オーシスト 30,41,54
汚水生物系列 79
オセロイド 96
オルガネラ 116

カ 行

科 4
界 4
階級 5
外質ネット 92
階層 5
貝毒 89
介卵伝播 56
顧みられない熱帯病 22
核 8
角膜 38
滑走運動 17
活動体 69
蚊媒介性疾患 54
ガメート 53
ガメトサイト 53
ガレクチン 58
間隙水中 69
眼点 95

飢餓状態 71
危機察知 129
寄生 13,80
寄生性 40
寄生戦略 48
基底小体 13
キャバリエ=スミス 4,99
共生 13,39,49
共生藻類 85

朽ち木 71
クリステ 107
クロマトフォア 115

形質転換 129
ゲノム 10
ゲル 16
嫌気状態 74
嫌気性微生物 49
健康食品 34
原虫 8
原発性アメーバ性髄膜脳炎 69

綱 4
高温耐性 69
光合成 82,90
抗体 29
後腸発酵動物 49
口部繊毛域 51
コクシジウム症 46
固着性 88
固有種 91
コンタクトレンズ 38

サ 行

細胞間連絡 128
細胞口 13
細胞肛門 13
細胞質 11
細胞小器官 8
細胞内共生 81,109,113
細胞内共生説 113

事 項 索 引

細胞分裂　19,83
ザプロビックシステム　79
三次共生　116

色素体　112
軸足状仮足　85,86
示準化石　83
シスト　30,36,69,74
次世代シークエンサー　33
自然選択　113
示相化石　83
指標種　79
指標生物　79
シャーガス病　58
射出装置　96
種　4
集合（グループ）　5
終宿主　29
収縮胞　13
集団感染　42
宿主　29
循環式ろ過装置　39
樹（系統樹，ツリー）　5
消化管　49,50
上鞭毛型虫体　59
植物　112
食胞　13
食物網　98
所属　5
白さび病　66
人獣共通感染症　48,55

水系感染　41
スーパーグループ　4,5,103
スポロゾイト　46,52

生活環　29,37
性感染症　43
生殖体　53
生殖母体　53
生物指標　79
赤内期　53
赤痢アメーバ症　40
石灰岩　83
接合　21
接合体　53
接触感染　43
絶対共生性　121
前胃　49
前胃発酵動物　49

染色体　10
セントラル・ドグマ　10
前鞭毛型　57
繊毛　12

増員増殖　19
草食性哺乳類　49
双利共生　14
属　4
ゾル　16

タ 行

体部繊毛域　51
楕円体　115
多核体　125
多細胞化　124
多細胞性　83
多細胞体制　71
炭酸塩補償深度　88
単相　71
タンパク質　9

チゴート　53
窒素固定　119
窒素固定共生体　120
チャート　83
中間宿主　29
中心嚢　85,86
中毒　89

ツタンカーメン　25

底生　87
電子顕微鏡　6
伝播阻止ワクチン　58

同形配偶子接合　21
ドウモイ酸　89
盗葉緑体　87
棘　51
土壌　67
土壌中　69,71
土壌粒子　69
貪食　39

ナ 行

肉芽腫性アメーバ性脳炎　37
二次共生　88,116

二次藻類　116
二次葉緑体　116
ニトロゲナーゼ　119

根腐病　66
根くびれ病　66

ハ 行

バイオフィルム　125
配偶体　89
ハイドロゲノソーム　63,101,
　111
八界説　99,100
波動運動　15
ハプトネマ　88,93
伴侶動物　55

微化石　83
光受容体　95
微細藻類　8
ピッチャーマウンド　69
ヒト-ヒト感染　43
病原性　37
ピロプラズム　56
琵琶湖　91

複相　71
不顕性感染者　44
浮遊性　87,88
ブルーム　76
分化　124
分子系統学　99
分類階級　5
分裂体　52

ベクター　52
ヘッケル　125
べと病　66
変形体　71
鞭毛　12,89
鞭毛型　68
鞭毛小毛　15
偏利共生　14

ホイタッカー　4
胞子　82
ボスロソーム　92
匍匐運動　16

生 物 名 索 引　　　　　　　　　137

マ 行

マイクロネーム　27
マイトソーム　101,111
マラリア　24,25,48

ミオシン　16,17
ミトコンドリア　11,107

無性生殖　20,29,56
無鞭毛型虫体　57

メタサイクリック錘鞭毛型虫体
　59
メロゾイト　52
免疫　38
免疫回避　54

目　4

門　4

ヤ 行

薬剤耐性　54

遊泳運動　15
有基突起　88
有性生殖　20,29,56
遊走子　89

養殖　80,81
葉緑体　12,82,112,113
葉緑体ゲノム　65,117
予定柄細胞　71
予定胞子細胞　71

ラ 行

ランク　5

リガンド　58
リポフォスフォグリカン　58
輪状体　52
リンネ　4
リンネ式分類　5

類人猿　49
ルーメン　49

レジオネラ肺炎　39
レッドリスト　91

ロプトリー　27

ワ 行

ワクチン　58
ワクチン開発　48

生物名索引

欧 文

α プロテオバクテリア（alpha-
　proteobacteria）　11

Colpoda　69

Dictyostelium discoideum　71

idiosome　70

Parentodinium africanum　51

xenosome　70

ア 行

アイメリア（*Eimeria*）　46
アオコ　76
アカントアメーバ（*Acanth-
　amoeba*）　36
アクラシス（*Acrasis*, acrasid

slime mold）　71
アーケゾア（Archezoa）　100,
　101
アーケプラスチダ
　（Archaeplastida）　89,100
アナベナ（*Anabena*）　75
アピコンプレックス門
　（Apicomplexa）　17,19,26,
　31
アメーバ（*Amoeba*）　78
アメーボゾア（Amoebozoa）
　70
アルベオラータ（Alveolata）
　89,100
アンテロープ（antelope）　49
アンフィトレマ（*Amphitrema*）
　70

イクチオスポレア
　（Ichthyosporea）　127
イシカワモズク
　（*Batrachospermum atrum*
　（Hudson）Harv.）　91

ウシ（*Bos taurus*）　49
渦鞭毛藻（Dinophyceae）　89
ウマ（*Equus caballus*）　49

エクスカバータ（Excavate）
　71,102
エピテミア（*Epithemia*）　120
エントディニオモルファ亜目
　（Entodiniomorphina）　50
エントディニオモルファ目
　（Entodiniomorphida）　50

オオアメーバ（*Amoeba
　proteus*）　6,78
オオウキモ（*Macrocystis
　pyrifera*）　89
オオヒゲマワリ（*Volvox
　carteri*）　75,77
オキシモナス（Oxymonad）
　62
オピストコンタ
　（Opisthokonta）　99
オフリオスコレックス科

（Ophryoscolecidae） 51

カ 行

灰色藻（Glaucophyta） 114
カイメン（Chonoflagellate）
　125
褐藻（Phaeophyceae） 89
褐虫藻（Zooxanthella） 112
カバ（*Hippopotamus amphibius*） 49
カピバラ（*Hydrochoerus hydrochaeris*） 49
カプサスポラ（*Capsaspora*）
　128
ガンビアトリパノソーマ
　（*Trypanosoma brucei gambiense*） 60

グッタリノプシス
　（*Guttulinopsis*） 71
クラミドモナス
　（*Chlamydomonas*） 21
クリソクロムリナ・パーキー
　（*Chrysochromulina parkeae*）
　122
クリプトスポリジウム
　（*Cryptosporidium*） 41,46,
　72
クルーズトリパノソーマ
　（*Trypanosoma cruzi*） 58
クレオリマックス（*Creolimax*）
　128
クロミスタ（Chromista） 100
クロムアルベオラータ
　（Chromalveolata） 100
クロレラ（*Chlorella*） 35
クンショウモ（*Pediastrum*）
　75

珪藻（Diatomea） 77,88
原核生物（Prokaryota） 4
原始口亜目（Archistomatina）
　50
原生生物（Protist） 4,5
原生動物（protozoa） 8

紅藻（Rhodophyta） 89,114
コラロキトレア
　（Corallochytrea） 127

ゴリラ（*Gorilla*） 49
コロダリア目（Collodaria） 85
コロディクティオン
　（*Collodictyon*） 75
根粒菌（rhizobia） 119

サ 行

サイ（rhinoceros） 49
細胞性粘菌（cellular slime
　mold） 70,71
サシガメ（*Triatoma*） 58
サシチョウバエ（*Phlebotomus,
　Lutozomyia*） 57
サヤツナギ（*Dinobryon*） 75

シアノバクテリア
　（Cyanobacteria） 12,112
ジャイアントケルプ
　（*Macrocystis pyrifera*） 89
シュードトリコニンファ・グラッ
　シイ（*Pseudotrichonympha
　grassii*） 123
植物界（Plantae） 4
植物プランクトン
　（Phytoplankton） 90
シロアリ（Termitidae） 62,
　123
真核生物（Eukaryota） 4
真核単細胞生物（unicellular
　eukaryote） 5
真性（真正）粘菌（Conosea）
　71

スイゼンジノリ（*Aphanothece
　sacrum*（Suringar）Okada）
　91
ストラメノパイル
　（Stramenopiles） 66,70,77,
　88,100

赤痢アメーバ（*Entamoeba
　histolytica*） 40
前庭目（Vestibuliferida） 50
繊毛虫（Ciliophora） 69,70,
　78

ゾウ（Elephantidae） 49
ゾウリムシ（*Paramecium
　caudatum*） 78

タ 行

多細胞生物（multicellular
　organism） 5
立襟鞭毛虫（Choanomonada）
　125
タマホコリカビ（Dictyosteliida）
　71
単細胞ホロゾア（Holozoa）
　127

ツェツェバエ（*Glossina*） 61
ツクバモナス（*Tsukubamonas
　globosa*） 75,79
ツユカビ目（Peronosporales）
　66

底生有孔虫（Benthic
　foraminifera） 87

動物界（Animalia） 4
トキソプラズマ（*Toxoplasma
　gondii*） 17,26,44
ドノバンリーシュマニア
　（*Leishmania donovani*） 56
トリパノソーマ
　（*Trypanosoma*） 22,58
トレポモナス（*Trepomonas*）
　75

ナ 行

ナナホシクドア（*Kudoa
　septempunctata*） 32

肉質虫類（Sarcodina） 6
肉胞子虫（*Sarcocystis*） 31

ネグレリア（*Naegleria*） 68
ネコブカビ（*Plasmodiophora
　brassicae*） 67
熱帯熱マラリア原虫
　（*Plasmodium falciparum*）
　52
熱帯リーシュマニア
　（*Leishmania tropica*） 57
粘液胞子虫（Myxosporea）
　32

生物名索引

ハ 行

パーキンサス（*Perkinsus*）　81
パーキンセラ（*Perkinsela*）　80
バク（*Tapirus*）　49
裸アメーバ（naked amoeba）
　70
ハプト藻（Haptophyceae）
　88,93
バベシア（*Babesia*）　54
ハマダラカ（*Anopheles*）　25,
　52
パラバサリア（Parabasalid）　62
パラメーバ（*Paramoeba
　perurans*）　80
パレントディニウム科
　（Parentodiniidae）　51
反芻動物（ruminant）　49
バンピレラ（Vampyrellid）　67

ヒカリモ（*Ochromonas vischeri,
　Chromulina vischeri,
　Chromulina rosanoffii,
　Chromophyton rosanoffii*）
　75,77
ピシウム（*Pythium*）　66
微胞子虫（Microsporidia）　64
ピロプラズマ（*Babesia,
　Theileria*）　46
ビワツボカムリ（*Difflugia
　biwae*）　91

フィトフィトラ（*Phytophthora*）
　66
フィラステレア（Filasterea）
　127
フェイヤー肉胞子虫
　（*Sarcocystis fayeri*）　31
フォーラーネグレリア
　（*Naegleria fowleri*）　69
浮遊性有孔虫（Planktonic
　foraminifera）　87
フラギラリア（*Fragilaria*）　75
ブラジルリーシュマニア
　（*Leishmania braziliensis*）
　56
ブラールドスファエラ・ビゲロ
　ウィイ（*Braarudosphaera
　bigelowii*）　122

プリムネシウム（*Prymnesium*）
　93
ブレファロコリス亜目
　（Blepharocorythina）　50
プロトテカ（*Prototheca
　wickerhamii, P. zopfii,
　P. cutis*）　65,117

ヘテロロボセア（Heterolobosea）
　71
べと病菌（*Peronospora,
　Bremia, Plasmopara,
　Pseudoperonospora*）　66
変形菌（Conosea）　70,71
鞭毛虫（flagellate）　70

放散虫（Radiolaria）　85
ボトリオコッカス（*Botryococcus*）
　73
ポリトメラ（*Polytomella*）　117
ポーリネラ（*Paulinella*）　75,
　78,115
ボルボックス（*Volvox carteri*）
　77

マ 行

マダニ（Ixodida）　54
マラリア原虫（*Plasmodium*）
　52
マルテイリオイデス
　（*Marteilioides chungmuensis*）
　82

三日熱マラリア原虫
　（*Plasmodium vivax*）　52
ミドリムシ（*Euglena gracilis*）
　35,75,77

メテオラ（*Meteora sporadica*）
　94

毛口亜綱（Trichostomatia）　50

ヤ 行

ヤブレツボカビ
　（thraustochytrid）　92

有殻アメーバ（testate amoeba）

70,78
有孔虫（Foraminifera）　85
有袋類（Marsupialia）　49
ユーグレナ（*Euglena*）　73

四日熱マラリア原虫
　（*Plasmodium malariae*）　52

ラ 行

ラクダ（*Camelus*）　49
ラビリンチュラ
　（labyrinthulid）　73,92
ラフレシア（*Rafflesia lagascae*）
　117
卵菌（Oomycete）　66
卵形マラリア原虫
　（*Plasmodium ovale*）　52
ランブル鞭毛虫（*Giardia
　intestinalis*）　41,46,72

リーカ（LECA）　2
リザリア（Rhizaria）　67,70,
　85,100
リーシュマニア（*Leishmania*）
　56
リトストマ綱（Litostomatea）
　50
緑色植物（Viridiplantae）　114

ルーメン鞭毛虫（rumen
　flagellate）　49

レジオネラ属菌（Legionella）
　39

ロゼッタエージェント　126
ローデシアトリパノソーマ
　（*Trypanosoma brucei
　rhodesiense*）　60
ロパロディア（*Rhopalodia*）
　120
ロパロディア科
　（Rhopalodiaceae）　120

ワ 行

ワルノヴィア科
　（Warnowiaceae）　96

編者略歴

永宗喜三郎
（ながむねきさぶろう）

1967 年　広島県に生まれる
1996 年　大阪大学大学院医学研究科
　　　　博士課程修了
現　在　国立感染症研究所寄生動物
　　　　部第 1 室室長
　　　　博士（医学）

矢吹彬憲
（やぶきあきのり）

1983 年　神奈川県に生まれる
2011 年　筑波大学大学院生命環境科
　　　　学研究科博士課程修了
現　在　国立研究開発法人海洋研究
　　　　開発機構研究員
　　　　博士（理学）

島野智之
（しまのさとし）

1968 年　富山県に生まれる
1997 年　横浜国立大学大学院工学研究
　　　　科博士課程修了
現　在　法政大学自然科学センター教
　　　　授
　　　　博士（学術）

アメーバのはなし
　　―原生生物・人・感染症―　　　　　　定価はカバーに表示

2018 年 9 月 15 日　　初版第 1 刷
2019 年 2 月 10 日　　　　第 2 刷

編　者　永　宗　喜三郎
　　　　島　野　智　之
　　　　矢　吹　彬　憲
発行者　朝　倉　誠　造
発行所　株式会社　朝　倉　書　店
　　　　東京都新宿区新小川町 6-29
　　　　郵 便 番 号　　162-8707
　　　　電　話　03（3260）0141
　　　　FAX　03（3260）0180
　　　　http://www.asakura.co.jp

〈検印省略〉

ⓒ 2018〈無断複写・転載を禁ず〉　　　　　　真興社・渡辺製本

ISBN 978-4-254-17168-6　C 3045　　　Printed in Japan

JCOPY ＜(社)出版者著作権管理機構 委託出版物＞

本書の無断複写は著作権法上での例外を除き禁じられています．複写される場合は，
そのつど事前に，(社) 出版者著作権管理機構（電話 03-3513-6969，FAX 03-3513-
6979，e-mail: info@jcopy.or.jp）の許諾を得てください．

兵庫県大 太田英利監訳　池田比佐子訳

生物多様性と地球の未来
—6度目の大量絶滅へ？—

17165-5 C3045　　　　　B 5 判 192頁 本体3400円

生物多様性の起源や生態系の特性，人間との関わりや環境等の問題点を多数のカラー写真や図を交えて解説。生物多様性と人間／生命史／進化の地図／種とは何か／遺伝子／貴重な景観／都市の自然／大量絶滅／海洋資源／気候変動／浸入生物

日本陸水学会東海支部会編

身近な水の環境科学 ［実習・測定編］
—自然のしくみを調べるために—

18047-3 C3040　　　　　A 5 判 192頁 本体2700円

河川や湖沼を対象に測量や水質分析の基礎的な手法，生物分類，生理活性を解説。理科系・教育学系学生むけ演習書や，市民の環境調査の手引書としても最適。〔内容〕調査に出かける前に／野外調査／水の化学分析／実験室での生物調査／他

A.キャンベル・J.ドーズ編　今島　実監訳
海の動物百科 4

無 脊 椎 動 物 Ⅰ

17698-8 C3345　　　　　A 4 判 104頁 本体4200円

多くの個性的な種へと進化した水生無脊椎動物の世界を紹介。美しく貴重なカラー写真とイラストに加え，多くの解剖図を用いて各動物群の特徴を解説。原生動物・海綿動物・顎口動物・刺胞動物など原始的な動物から甲殻類までを扱う。

A.キャンベル・J.ドーズ編　今島　実監訳
海の動物百科 5

無 脊 椎 動 物 Ⅱ

17699-5 C3345　　　　　A 4 判 92頁 本体4200円

『無脊椎動物Ⅰ』につづき，水生無脊椎動物の各分類群を紹介。軟体動物(貝類・タコ・オウムガイ類ほか)・ホシムシ類・ユムシ類・環形動物・内肛動物・腕足類・棘皮動物(ウミユリ類・ウニ類ほか)・ホヤ類・ナメクジウオ類などを扱う。

日本微生物生態学会編

環 境 と 微 生 物 の 事 典

17158-7 C3545　　　　　A 5 判 448頁 本体9500円

生命の進化の歴史の中で最も古い生命体であり，人間活動にとって欠かせない存在でありながら，微小ゆえに一般の人々からは気にかけられることの少ない存在「微生物」について，近年の分析技術の急激な進歩をふまえ，最新の科学的知見を集めて「環境」をテーマに解説した事典。水圏，土壌，極限環境，動植物，食品，医療など8つの大テーマにそって，1項目2〜4頁程度の読みやすい長さで微生物のユニークな生き様と，環境とのダイナミックなかかわりを語る。

前東大 北本勝ひこ・首都大 春田　伸・東大 丸山潤一・東海大 後藤慶一・筑波大 尾花　望・信州大 齋藤勝晴編

食 と 微 生 物 の 事 典

43121-6 C3561　　　　　A 5 判 512頁 本体10000円

生き物として認識する遥か有史以前から，食材の加工や保存を通してヒトと関わってきた「微生物」について，近年の解析技術の大きな進展を踏まえ，最新の科学的知見を集めて「食」をテーマに解説した事典。発酵食品製造，機能性を付加する食品加工，食品の腐敗，ヒトの健康，食糧の生産などの視点から，200余のトピックについて読切形式で紹介する。〔内容〕日本と世界の発酵食品／微生物の利用／腐敗と制御／食と口腔・腸内微生物／農産・畜産・水産と微生物

寺山　守・久保田敏・江口克之著

日 本 産 ア リ 類 図 鑑

17156-3 C3645　　　　　B 5 判 336頁 本体9200円

もっとも身近な昆虫であると同時に，きわめて興味深い生態を持つ社会昆虫であるアリ類。本書は日本産アリ類10亜科59属295種すべてを，多数の標本写真と生態写真をもとに詳細に解説したアリ図鑑の決定版である。前半にカラー写真(全属の標本写真，および大部分の生態写真)を掲載，後半でそれぞれの分類，生態，分布，研究法，飼育法などを解説。また，同定のための検索表も付属する。昆虫，とりわけアリに関心を持つ学生，研究者，一般読者必携の書。

奈良教大 前田喜四雄監訳
知られざる動物の世界1

食虫動物・コウモリのなかま

17761-9 C3345　　　　A4変判 120頁 本体3400円

哺乳類の中でも特徴的な性質を持つ食虫動物のなかま（モグラ・ハリネズミなどの食虫目、およびアリクイ・アルマジロ・センザンコウ）、最も繁栄している哺乳類の一つでありながら人目に触れることの少ないコウモリ類を美しい写真で紹介。

前京大 中坊徹次監訳
知られざる動物の世界2

原始的な魚のなかま

17762-6 C3345　　　　A4変判 120頁 本体3400円

魚類の中でも原始的な特徴をもつ種を一冊にまとめて紹介。バタフライフィッシュ、アフリカンナイフ、ヌタウナギ、ヤツメウナギ、ハイギョ、シーラカンス、ビキール、チョウザメ、ガー、アロワナ、ピラルク、サラトガなどを収載。

前京大 中坊徹次監訳
知られざる動物の世界3

エイ・ギンザメ・ウナギのなかま

17763-3 C3345　　　　A4変判 128頁 本体3400円

軟骨魚綱からエイ・ギンザメ類、硬骨魚綱から独特の生態を持つことで知られるウナギ類を美しい写真で紹介。ノコギリエイ、シビレエイ、ゾウギンザメ、ヨーロッパウナギ、ハリガネウミヘビ、アナゴ、ターポン、デンキウナギなどを収載。

前京大 松井正文監訳
知られざる動物の世界4

サンショウウオ・イモリ・アシナシイモリのなかま

17764-0 C3345　　　　A4変判 120頁 本体3400円

独特の生態をもつ両生類の中から、サンショウウオ、イモリ、アシナシイモリの仲間を紹介。オオサンショウウオ、トラフサンショウウオ、マッドパピー、ホライモリ、アホロートル、アカハライモリ、マダラサラマンドラなどを収載。

前京大 林 勇夫監訳
知られざる動物の世界5

単細胞生物・クラゲ・サンゴ・ゴカイのなかま

17765-7 C3345　　　　A4変判 128頁 本体3400円

水中に暮らす原始的な生物を、微小なものから大きなものまでまとめて美しい写真で紹介。アメーバ、ゾウリムシに始まりカイメン、クラゲ、ヒドロ虫、イソギンチャク、サンゴ、プラナリア、ヒモムシ、ゴカイ、ミミズ、ヒルなどを収載。

前横国大 青木淳一監訳
知られざる動物の世界6

エ ビ ・ カ ニ の な か ま

17766-4 C3345　　　　A4変判 128頁 本体3400円

無脊椎動物の中から、海中・陸上の様々な場所に棲み45000種以上が知られる甲殻類の代表的な種を美しい写真で紹介。フジツボ類、シャコ類、アミ類、ダンゴムシ類、ザリガニ類、ヤドカリ類、カニ類、クーマ類などを収載。

前横国大 青木淳一監訳
知られざる動物の世界7

クモ・ダニ・サソリのなかま

17767-1 C3345　　　　A4変判 128頁 本体3400円

節足動物の中でも独特の形態をそなえる鋏角類（クモ、ダニ、サソリ、カブトガニ等）・ウミグモ類のさまざまな種を美しい写真で紹介。ウミグモ、カブトガニ、ダイオウサソリ、ウデムシ、ダニ類、タランチュラ、トタテグモなどを収載。

前京大 正田 努監訳
知られざる動物の世界10

毒 ヘ ビ の な か ま

17770-1 C3345　　　　A4変判 120頁 本体3400円

魅力的でありながらも恐ろしい毒ヘビの生態や行動を紹介。キングコブラ、アオマダラウミヘビ、タイガースネーク、パフアダー、ガボンバイパー、ラッセルクサリヘビ、マツゲハブ、マレーマムシ、ヨコバイガラガラヘビ、マサソーガなどを収載。

前横国大 青木淳一監訳
知られざる動物の世界13

甲 虫 の な か ま

17773-2 C3345　　　　A4変判 128頁 本体3400円

種数にして全動物の三分の一を占め、地球上で最も繁栄している動物群の一つである甲虫類を紹介。オサムシ、ハンミョウ、ゲンゴロウ、ジョウカイボン、テントウムシ、カブトムシ、クワガタムシ、フンコロガシ、カミキリムシなどを収載。

国立科学博 友国雅章訳
知られざる動物の世界14

セ ミ ・ カ メ ム シ の な か ま

17774-9 C3345　　　　A4変判 128頁 本体3400円

「バグ」という英語が本来示すのは半翅目すなわちセミ・カメムシのなかまのことである。人間社会に深い関わりを持つ彼らの中からカメムシ、セミ、アメンボ、トコジラミ、サシガメ、ウンカ、ヨコバイ、アブラムシ、カイガラムシなどを紹介。

カビ相談センター監修　カビ相談センター 高鳥浩介・
前大阪府公衆衛生研 久米田裕子編

カ ビ の は な し
―ミクロな隣人のサイエンス―

64042-7 C3077　　　　A5判 164頁 本体2800円

生活環境（衣食住）におけるカビの環境被害・健康
被害等について，正確な知識を得られるよう平易
に解説した，第一人者による初のカビの専門書。
〔内容〕食・住・衣のカビ／被害（もの・環境・健康
への害）／防ぐ／有用なカビ／共生／コラム

法大 島野智之・北教大 高久 元編

ダ ニ の は な し
―人間との関わり―

64043-4 C3077　　　　A5判 192頁 本体3000円

人間生活の周辺に常にいるにもかかわらず，多く
の人が正しい知識を持たないままに暮らしている
ダニ。本書はダニにかかわる多方面の専門家が，
正しい情報や知識をわかりやすく，かつある程度
網羅的に解説したダニの入門書である。

前富山大 上村 清編

蚊 の は な し
―病気との関わり―

64046-5 C3077　　　　A5判 160頁 本体2800円

古来から痒みで人間を悩ませ，時には恐ろしい病
気を媒介することもある蚊。本書ではその蚊につ
いて，専門家が多方面から解説する。〔内容〕蚊と
は／蚊の生態／身近にいる蚊の見分け方／病気を
うつす蚊／蚊の防ぎ方／退治法／調査法／他

聖マリアンナ医大 中島秀喜著

感 染 症 の は な し
―新興・再興感染症と闘う―

30110-6 C3047　　　　A5判 200頁 本体2800円

エボラ出血熱やマールブルク熱などの新興・再興
感染症から，エイズ，新型インフルエンザ，プリ
オン病，バイオテロまで，その原因ウイルスの発
見の歴史から，症状・治療・予防まで，社会との
関わりを密接に交えながら解説する。

秋山一男・大田 健・近藤直実編

メディカルスタッフ から 教職員まで アレルギーのはなし
―予防・治療・自己管理―

30114-4 C3047　　　　A5判 168頁 本体2800円

患者からの質問・相談に日常的に対応する看護
師・薬剤師，自治体相談窓口担当者，教職員や栄
養士などに向けてアレルギー疾患を解説。〔内容〕
アレルギーの仕組みと免疫／患者の訴えと診断方
法／自己管理と病診連携／小児疾患と成人疾患

福岡県大 松浦賢長・東大 小林廉毅・杏林大 苅田香苗編

コンパクト 公衆衛生学 （第6版）

64047-2 C3077　　　　B5判 148頁 本体2900円

好評の第5版を改訂。公衆衛生学の要点を簡潔に解
説。〔内容〕公衆衛生の課題／人口問題／疫学／環
境と健康／栄養と健康／感染症／健康教育／母子
保健／学校保健／産業保健／精神保健福祉／成人
保健／災害と健康／地域保健／国際保健

元農工大 佐藤仁彦編

生 活 害 虫 の 事 典 （普及版）

64037-3 C3577　　　　A5判 368頁 本体8800円

近年の自然環境の変貌は日常生活の中の害虫の生
理・生態にも変化をもたらしている。また防除に
あたっては環境への一層の配慮が求められてい
る。本書は生活の中の害虫約230種についてその形
態・生理・生態・生活史・被害・防除などを豊富
な写真を掲げながら平易に解説。〔内容〕衣類の害
虫／書物の害虫／食品の害虫／住宅・家具の害虫
／衛生害虫（カ，ハエ，ノミ，シラミ，ゴキブリ，
ダニ，ハチ，他）／ネズミ類／庭木・草花・家庭菜
園の害虫／不快昆虫／付．主な殺虫剤

前高知衛生害虫研 松崎沙和子・大阪製薬 武衛和雄著

都 市 害 虫 百 科 （普及版）

64040-3 C3577　　　　A5判 248頁 本体4500円

わが国で日常見られる都市害虫約170種について
その形態，特徴，生態，被害，駆除法等を多くの
文献を示しながら解説した実用事典。〔内容〕都市
害虫総論／トビムシ／シミ／ゴキブリ／シロアリ
／チャタテムシ／シラミ／カメムシ／カイガラム
シ／アブラムシ／カツオブシムシ／コクゾウムシ
／シバンムシ／ナガシンクイムシ／甲虫類／ノミ
／ガガンボ／チョウバエ／カ／ユスリカ／ミズア
ブ／ハエ／ガ／ハチ／アリ／ダニ／クモ／ゲジ／
ムカデ／ヤスデ／ワラジムシ／ナメクジ／他多数

上記価格（税別）は 2018 年 8 月現在